SEGURANÇA na
INDÚSTRIA

ALEXANDRE CAVALIÉRI JANAÍNA LEMOS CARLOS MARIOTTONI

SEGURANÇA na INDÚSTRIA

ETAPAS DE PROJETOS PARA MÁQUINAS INDUSTRIAIS

ALTA BOOKS
GRUPO EDITORIAL
Rio de Janeiro, 2022

Segurança na Indústria 4.0

Copyright © 2022 da Starlin Alta Editora e Consultoria Eireli.
ISBN: 978-65-5520-568-8

Impresso no Brasil — 1ª Edição, 2022 — Edição revisada conforme o Acordo Ortográfico da Língua Portuguesa de 2009.

```
Dados Internacionais de Catalogação na Publicação (CIP) de acordo com o ISBD

C377s    Cavaliéri, Alexandre Luis Fazani
         Segurança na Indústria 4.0: Etapas de Projetos para Máquinas
         Industriais / Alexandre Luis Fazani Cavaliéri, Janaina Conceição Sutil
         Lemos, Carlos Alberto Mariottoni. - Rio de Janeiro : Alta Books, 2022.
         224 p. ; 16cm x 23cm.

         Inclui índice e apêndice.
         ISBN: 978-65-5520-568-8

         1. Segurança do Trabalho. 2. Indústria 4.0. I. Lemos, Janaina
         Conceição Sutil. II. Mariottoni, Carlos Alberto. III. Título.

                                              CDD 363.11
2022-2679                                     CDU 613.6

Elaborado por Vagner Rodolfo da Silva - CRB-8/9410

Índice para catálogo sistemático:
1. Segurança do Trabalho 363.11
2. Segurança do Trabalho 613.6
```

Todos os direitos estão reservados e protegidos por Lei. Nenhuma parte deste livro, sem autorização prévia por escrito da editora, poderá ser reproduzida ou transmitida. A violação dos Direitos Autorais é crime estabelecido na Lei nº 9.610/98 e com punição de acordo com o artigo 184 do Código Penal.

A editora não se responsabiliza pelo conteúdo da obra, formulada exclusivamente pelo(s) autor(es).

Marcas Registradas: Todos os termos mencionados e reconhecidos como Marca Registrada e/ou Comercial são de responsabilidade de seus proprietários. A editora informa não estar associada a nenhum produto e/ou fornecedor apresentado no livro.

Erratas e arquivos de apoio: No site da editora relatamos, com a devida correção, qualquer erro encontrado em nossos livros, bem como disponibilizamos arquivos de apoio se aplicáveis à obra em questão.

Acesse o site www.altabooks.com.br e procure pelo título do livro desejado para ter acesso às erratas, aos arquivos de apoio e/ou a outros conteúdos aplicáveis à obra.

Suporte Técnico: A obra é comercializada na forma em que está, sem direito a suporte técnico ou orientação pessoal/exclusiva ao leitor.

A editora não se responsabiliza pela manutenção, atualização e idioma dos sites referidos pelos autores nesta obra.

Produção Editorial Editora Alta Books	**Coordenação Comercial** Thiago Biaggi	**Assistente Editorial** Mariana Portugal	**Equipe Editorial** Beatriz de Assis Betânia Santos
Diretor Editorial Anderson Vieira anderson.vieira@altabooks.com.br	**Coordenação de Eventos** Viviane Paiva comercial@altabooks.com.br	**Produtores Editoriais** Illysabelle Trajano Maria de Lourdes Borges Paulo Gomes Thales Silva Thiê Alves	Brenda Rodrigues Caroline David Gabriela Paiva Henrique Waldez Kelry Oliveira Marcelli Ferreira Matheus Mello
Editor José Ruggeri j.ruggeri@altabooks.com.br	**Coordenação ADM/Finc.** Solange Souza		
Gerência Comercial Claudio Lima claudio@altabooks.com.br	**Direitos Autorais** Raquel Porto rights@altabooks.com.br	**Equipe Comercial** Adriana Baricelli Ana Carolina Marinho Daiana Costa Fillipe Amorim Heber Garcia Kaique Luiz Maira Conceição	**Marketing Editorial** Jessica Nogueira Livia Carvalho Marcelo Santos Pedro Guimarães Thiago Brito
Gerência Marketing Andrea Guatiello andrea@altabooks.com.br			

Atuaram na edição desta obra:

Revisão Gramatical Carolina Oliveira Fernanda Lutfi	**Diagramação e Capa** Joyce Matos

Editora afiliada à:

Rua Viúva Cláudio, 291 – Bairro Industrial do Jacaré
CEP: 20.970-031 – Rio de Janeiro (RJ)
Tels.: (21) 3278-8069 / 3278-8419
www.altabooks.com.br — altabooks@altabooks.com.br
Ouvidoria: ouvidoria@altabooks.com.br

ALTA BOOKS
GRUPO EDITORIAL

SOBRE OS AUTORES

Janaína Conceição Sutil Lemos

É graduada em Engenharia em Sistemas Digitais pela Universidade Estadual do Rio Grande do Sul (UERGS), possui especialização em Engenharia de Segurança do Trabalho pela Universidade Estadual de Campinas (UNICAMP) e mestrado em Computação Aplicada pela Universidade do Vale do Rio dos Sinos (UNISINOS – RS). Cursa doutorado em Engenharia e Gestão Industrial na Universidade da Beira Interior (Covilhã, Portugal), onde desenvolve pesquisa na área de segurança ocupacional com foco na Indústria 4.0. Tem ampla experiência em desenvolvimento de software para equipamentos voltados à segurança funcional e é professora da Escola Politécnica da Universidade do Vale do Rio dos Sinos (UNISINOS – RS) desde 2014.

Agradecimentos

Agradeço a Deus, que na sua infinita bondade me proporciona saúde e disposição para realizar os meus sonhos. Tenho imensa gratidão por todas as oportunidades que Ele tem me concedido.

Ao meu pai, Lindomar (*in memoriam*), por todo amor, dedicação e pelos valores que me ensinou nos poucos anos que convivemos.

À minha mãe, Vera, que compartilha comigo a paixão pelos animais e que sempre está ao meu lado me apoiando em todos os meus projetos e se alegrando com cada conquista.

À Dalva, grande amiga da família há mais de 40 anos, pelo amor, pela dedicação e pelas palavras de conforto e de esperança proferidas nos momentos mais difíceis.

Aos amigos e amigas que me inspiram sempre e que me confortam quando eu mais preciso.

Aos professores Joubert Rodrigues dos Santos Jr. e Carlos Alberto Mariottoni, do curso de Especialização em Engenharia de Segurança do Trabalho da UNICAMP, pela excelente formação proporcionada e por todo apoio.

Aos professores da Universidade Estadual do Rio Grande do Sul (UERGS) e da Universidade do Vale do Rio dos Sinos (UNISINOS), onde concluí minha graduação e mestrado, respectivamente, pela formação de qualidade que me proporcionaram.

Alexandre L. F. Cavaliéri

É graduado em Engenharia Elétrica pela UNISAL de Campinas, especialista em Engenharia de Segurança do Trabalho pela Faculdade de Engenharia Civil da UNICAMP e Certificado CMSE — *Certified Machinery Safety Expert* — pela TÜV NORD. É Técnico em Mecânica pelo Col. Tec. da UNICAMP. Trabalhou em algumas empresas de grande porte desde sua formação técnica e é proprietário da CAVAZANI Engenharia Saúde e Segurança do Trabalho, prestando serviços em NR12.

Agradecimentos

Este trabalho foi desenvolvido com muito esforço, estudo, dedicação e apoio dos professores Dr. Carlos Alberto Mariottoni (UNICAMP) e Prof. M. Sc. Joubert R. Junior (UNICAMP — PUCCAMP), a quem agradeço muitíssimo.

Nada seria possível sem o apoio da minha esposa, Alessandra, companheira de todos os dias a quem agradeço com muito carinho e toda sinceridade. Ela foi exemplo de empenho e determinação no trabalho, quando atuou como funcionária pública e como médica; hoje é aposentada. Mesmo com saúde debilitada há mais de cinco anos, sempre me apoiou ao me fazer crer que existe algo maior que a própria vida, uma fonte de amor inesgotável que tudo perdoa e ampara.

Aos meus irmãos Amadeu Cavaliéri e Américo Cavaliéri, engenheiros que sempre se dedicaram aos estudos, ao desenvolvimento de máquinas, equipamentos, dispositivos e partes. Sempre apoiados na disciplina que rege o dia a dia do profissional de engenharia.

À Tia Maria Rita Cavaliéri, em nome do grande amor que um filho sente quando do nada recebe de Deus uma nova família. Na qual aprende o respeito e os valores que traduzem as muitas experiências vividas; na qual o tempo foi, é e será sempre a estrada de aprendizado.

Carlos Alberto Mariottoni

É Ph.D. em Engenharia Elétrica e Energia pela University of Southampton — Inglaterra, Mestre em Engenharia Elétrica e Energia pela USP, Engenheiro Eletricista pela UNICAMP e Engenheiro de Segurança Trabalho pela UNICAMP/FUNDACENTRO. Pós-Doutorado na Universidade de Valência — Espanha. Foi Professor Titular da UNICAMP até 2019 e Professor e Pesquisador nas Áreas Multidisciplinares da

UNICAMP em Engenharia de Segurança do Trabalho, em Energia e Engenharia de 1973 a 2019. Foi diretor do Núcleo de Energia da UNICAMP, conselheiro do CREA-SP; Instituto Engenharia-IE-S.P.; FAEASP-SP; NIPE; CEPETRO e AEAC. Foi, ainda, assessor da Reitoria da UNICAMP, consultor da Capes, Fapesp, Secretaria da Educação do Estado de São Paulo e Faepex. Criador e foi o coordenador do curso de Engenharia de Segurança do trabalho FEC-UNICAMP.

Agradecimentos e dedicatória

Dedico (*in memoriam*) esta obra aos amados e inesquecíveis, meus pais, Nercy e Darcy Mariottoni.

Agradeço o apoio e carinho de minha "little family": Marili; Thiago, Karina e Rafael (meu neto); Renato e Luciana; alicerces e pilares de minha construção de vida.

Agradeço a amizade e a parceria leal e efetiva do amigo Joubert, sempre lado a lado na labuta acadêmico-científica.

Agradeço a Deus pela proteção na jornada profissional e as bênçãos nas escolhas dos caminhos traçados.

PREFÁCIO

É com grande entusiasmo que escrevo sobre esta obra moderna e atual, que destaca a segurança em máquinas e equipamentos, apresentando os conceitos de forma clara e didática.

Certamente acrescentará de forma positiva para a formação dos profissionais e técnicos do setor, visto a demanda cada vez mais latente de mão de obra qualificada.

Tive a oportunidade de trocar experiências profissionais com os autores durante minha vida acadêmica e ressalto o comprometimento que tiveram com a produção de conteúdo de qualidade graças à excelência de suas formações.

Esta obra tem como objetivo fornecer uma visão geral sobre a segurança de máquinas e equipamentos levando em consideração as normas relacionadas com a segurança de máquinas, como a norma ABNT NBR ISO 12100:2013 — Segurança de máquinas — Princípios gerais de projeto — Apreciação e redução de riscos — que especifica os princípios e uma metodologia para obtenção da segurança em projetos de máquinas e equipamentos de acordo com a norma NR 12, e a norma ABNT NBR 14153:2013 — Segurança de máquinas — Partes de sistemas de comando relacionadas à segurança — Princípios gerais para projeto, entre outras.

A obra pode ser lida por técnicos e engenheiros de segurança do trabalho, engenheiros mecânicos, eletrônicos, eletricistas e de computação, bem como estudantes dessas áreas, sendo recomendada também para gestores de áreas que têm relação com a segurança ocupacional.

O Capítulo 1 traz uma visão geral a respeito da importância da segurança de máquinas nas empresas e algumas estatísticas de acidentes envolvendo máquinas. Além disso, são apresentados conceitos básicos relacionados com riscos e falhas em dispositivos.

O Capítulo 2 apresenta as normas nacionais e internacionais relacionadas à segurança de máquinas. Na caracterização de todas as normas é fornecida uma visão mais detalhada a respeito do software de aplicação para segurança de máquinas, embora todas as práticas apresentadas possam ser adaptadas ou aplicadas integralmente ao projeto da máquina como um todo. Além disso, esse capítulo traz um resumo a respeito da norma ISO 45001, que substitui a OHSAS 18001:2007 e trata do estabelecimento de sistemas de gestão da Segurança e Saúde Ocupacional nas empresas.

O Capítulo 3, por sua vez, trata das metodologias que podem ser usadas na apreciação de riscos, processo que permite analisar e avaliar de forma sistemática os riscos associados a uma determinada máquina. São descritas as seguintes metodologias: Análise Preliminar de Risco (APR), o Estudo de Perigo e Operabilidade (HAZOP, do inglês *Hazard and Operability Study*) e o *Checklist*.

No Capítulo 4 são abordadas as boas práticas que devem ser seguidas no desenvolvimento de softwares para controladores lógicos programáveis de segurança em projetos de máquinas conforme as normas NR 12, IEC 61508, IEC 62061 e ABNT NBR ISO 13849-1 e seus anexos. As boas práticas tratadas neste capítulo referem-se de forma mais específica ao levantamento de requisitos, documentação e testes.

O Capítulo 5 fornece uma visão geral a respeito da segurança dos robôs colaborativos, que representam uma tendência para a Indústria 4.0.

Prefácio

O diferencial desses robôs se dá pelas novas habilidades, como a capacidade de trabalhar sem supervisão ou intervenção humana, interagindo de forma inteligente também com outras máquinas.

Registro estas palavras tendo em mente o profundo respeito que senti ao longo do livro para com os leitores. Demonstrando, mais uma vez, o cuidado dos autores com a qualidade do ensino de excelência.

Prof. Joubert R. S. Júnior
Coordenador do curso de Especialização em Engenharia
de Segurança do Trabalho — PUC Campinas

Sobre o material online

Serão disponibilizados slides em PowerPoint e um modelo de apreciação de riscos no site da Editora Alta Books.

Slides: o objetivo é descrever as etapas da adequação de máquinas à Norma NR 12, mostrando a relação com as demais normas envolvidas, como, por exemplo, a norma ABNT NBR ISO 12100:2013 — Segurança de máquinas — Princípios gerais de projeto — Apreciação e redução de riscos. São apresentados, também, os principais dispositivos de segurança para NR 12. A apresentação é baseada no Capítulo 2 do livro — Normas.

Apreciação de riscos: o objetivo é fornecer um modelo que pode ser adequado para cada empresa por meio da inclusão de texto personalizado e dos dados dos profissionais responsáveis. Esse material é baseado no Capítulo 2 do livro — Normas.

SUMÁRIO

1. Introdução — 1
2. Normas — 11
3. As metodologias que podem ser utilizadas durante a etapa de apreciação de riscos — 123
4. Metodologia para desenvolvimento de aplicações para segurança de máquinas: o Modelo V — 133
5. Tendências na indústria: uma introdução aos robôs colaborativos — 165

Conclusão — 183

Apêndice A: Respostas dos Exercícios — 189

Índice — 205

INTRODUÇÃO

O direito à segurança e saúde no trabalho consta na Declaração Universal dos Direitos Humanos das Nações Unidas, de 1948, e atualmente a segurança e saúde ocupacional (SSO) é uma área multidisciplinar que visa proteger trabalhadores, clientes, fornecedores e o público em geral de serem afetados pelos perigos existentes nos ambientes de trabalho por meio da antecipação, reconhecimento, avaliação e controle desses perigos.

Perigo é a propriedade daquilo que pode causar danos e identificar perigos é identificar substâncias, situações, eventos e comportamentos perigosos. O risco, por sua vez, é associado ao evento perigoso e resulta da frequência e da consequência do evento. A segurança e saúde ocupacional incluem uma série de métodos que visam reduzir os riscos de uma variedade de perigos.

Ainda que nas últimas décadas a preocupação com a saúde dos trabalhadores tenha se tornado prioridade em diversos países, as estatísticas mostram que é urgente a necessidade de realizar mais ações com o objetivo de prevenir acidentes e doenças relacionados ao trabalho. De acordo com a Organização Internacional do Trabalho (OIT), anualmente cerca de 2,78 milhões de pessoas morrem em decorrência de doenças ou de acidentes relacionados ao trabalho no mundo.

Além disso, outros tantos milhões de trabalhadores sofrem com ferimentos e doenças não fatais relacionados ao trabalho. É importante destacar que a incidência de fatalidades nos locais de trabalho varia consideravelmente entre países desenvolvidos e países em desenvolvimento.

No Brasil, o Instituto Nacional de Seguridade Social (INSS) tem contabilizado cerca de 700 mil acidentes de trabalho a cada ano, dos quais quase 3 mil resultaram em mortes de trabalhadores. Esse indicador, contudo, está muito distante do número efetivo de vítimas, já que os dados divulgados pelo INSS cobrem somente os trabalhadores segurados. Além disso, mesmo quando acontecem acidentes envolvendo trabalhadores segurados, algumas empresas deixam de notificar tais ocorrências.

De acordo com a OIT, esse cenário é consequência de um conjunto de fatores como a existência de ambientes de trabalho inseguros, a falta de treinamento dos trabalhadores no que diz respeito à saúde e segurança, jornadas de trabalho excessivas, ausência de programas para a saúde e segurança do trabalho em muitos países, bem como a fiscalização inexistente ou insuficiente por parte das instituições governamentais, entre outros.

A ocorrência de acidentes e o surgimento e/ou agravamento das doenças ocupacionais causa significativos prejuízos para a reputação das empresas e diminui a produtividade, uma vez que pode afetar a rotina dos trabalhadores em geral e não somente daqueles que adoecem. Um trabalhador que toma conhecimento do adoecimento de um profissional que trabalha com ele — ou que trabalhou com ele no passado — pode ficar desmotivado e passar a produzir menos ou querer buscar outra oportunidade de trabalho onde ele possa ter melhores condições de saúde e segurança ocupacionais.

Ações preventivas são necessárias para combater ou minimizar significativamente esses problemas. Nesse sentido, a gestão de uma empresa tem a obrigação de prever e coordenar a organização do trabalho, proporcionando métodos para avaliar e melhorar comportamentos relativos à prevenção de incidentes e acidentes no local de trabalho por meio da gestão efetiva dos riscos ocupacionais.

Entre os ambientes industriais nos quais a probabilidade de ocorrência de acidentes é elevada, destacam-se o setor de óleo e gás e as atividades envolvendo o uso de máquinas em geral. Além desses ambientes, destacam-se também os setores da saúde e de transportes.

Durante as atividades com máquinas os trabalhadores podem estar expostos a diversos riscos, como esmagamentos e decepamentos. De acordo com a Fundacentro,[1] no período entre 2011 e 2013 ocorreram 221.843 acidentes envolvendo máquinas e equipamentos, resultando em 601 óbitos, 13.724 amputações e 41.993 fraturas, excluindo-se os acidentes de trajeto.

Para os trabalhadores as consequências de um acidente podem ser diversas: morte, fraturas, perda de membros, invalidez permanente, redução de renda, perda da qualidade de vida e transtornos mentais como depressão e ansiedade.

Um empregador que utiliza máquinas e equipamentos não adequados às normas vigentes coloca em risco a integridade física dos trabalhadores, além estar sujeito à notificação, autuação ou até interdição da máquina ou equipamento em uma eventual fiscalização por parte dos órgãos responsáveis. Por outro lado, as adequações da indústria às especificações técnicas impostas pelas normas acabam representando um custo elevado para os empresários por demandarem o cumprimento de um conjunto de etapas que envolvem tarefas complexas.

Estão disponíveis no mercado Controladores Lógicos Programáveis (CLPs) de segurança desenvolvidos por diversos fabricantes e certificados por agências especializadas conforme as normas ABNT NBR ISO 13849-1, IEC 61508, entre outras. Tais CLPs são aptos para uso em máquinas e equipamentos que devem atender a NR 12. Esses CLPs são responsáveis por comandar a parada de uma máquina quando um operador coloca as mãos no interior da mesma durante a operação, por exemplo.

As certificações de acordo com um conjunto de normas garantem que o hardware e o software básico (aquele que é essencial para o funcionamento do CLP, como, por exemplo, o sistema operacional ou ambiente de execução) foram desenvolvidos com o emprego de boas práticas de projeto e passaram por uma grande quantidade de testes. Contudo, é necessário

---

[1] FUNDACENTRO. Estratégia Nacional para Redução dos Acidentes do Trabalho 2015 – 2016. Brasília, 2015.

que a aplicação seja projetada e desenvolvida corretamente para que a máquina realmente se comporte de forma previsível.

Para que seja possível atingir esse objetivo, é necessário que o software de aplicação seja bem planejado, que sejam desenvolvidos casos de testes para verificação das suas funcionalidades, gerenciadas as alterações no software e empregadas medidas para impedir a realização de modificações não autorizadas no mesmo, além de manter a documentação sempre atualizada.

Nenhum projeto pode ser considerado isento de erros, porém a documentação adequada das diferentes etapas e a realização de um número elevado de testes reduzem a possibilidade de ocorrência de equívocos e, portanto, tornam os equipamentos mais confiáveis se comparados aos que não são projetados com tais cuidados.

A norma IEC 61508 (Segurança Funcional de Sistemas Elétricos/Eletrônicos/Programáveis, do inglês *Functional safety of electrical/electronic/programmable electronic safety-related systems*) define o conceito de risco como a probabilidade de ocorrência de um acidente que cause danos e leva em consideração a gravidade de tais danos. Em uma abordagem sistêmica, a segurança funcional está relacionada com a identificação de condições potencialmente perigosas que podem resultar em acidentes que podem ferir pessoas, causar danos ao meio ambiente ou ao patrimônio. Dessa forma, é possível realizar ações preventivas ou corretivas com o objetivo de evitar ou reduzir o impacto de um acidente. Em um produto ou sistema eletrônico, a segurança funcional está relacionada com as funcionalidades do dispositivo e assegura que ele funciona corretamente em resposta aos comandos que recebe.

Os exemplos a seguir mostram alguns casos em que a segurança funcional é indispensável, além do setor de desenvolvimento de maquinário.

 Transportes — Em um carro a segurança funcional garante que os *airbags* abrirão instantaneamente durante o impacto, porém não quando o motorista estiver simplesmente dirigindo. Da mesma forma, o injetor de combustível é controlado para garantir que o carro somente acelerará quando o motorista der o comando para tal. Já em um trem a segurança funcional garante que as portas se fecharão antes de o trem partir e não se abrirão com ele em movimento.

 Saúde — A segurança funcional garante que um paciente com câncer que faz radioterapia receberá somente a quantidade programada de radiação e não mais do que isso.

 Indústria química — Nesse cenário, a segurança funcional contribui para a redução dos riscos inerentes aos processos. Um mecanismo de fechamento de uma válvula automática assegura que os produtos químicos perigosos são misturados exatamente nas quantidades necessárias.

Nesse contexto entram alguns conceitos importantes de acordo com a norma IEC 61508-4, tais como:

 Defeito — Um defeito (em inglês, *fault*) é causado por um equívoco na implementação de um equipamento, subsistema ou sistema. Um defeito pode existir por um longo tempo sem se manifestar. Por exemplo, se o defeito reside em uma funcionalidade nunca utilizada de um dispositivo, ele será desconhecido até que essa funcionalidade seja ativada. O defeito (*fault*) pode provocar a redução ou perda da capacidade de um dispositivo para a realização de suas funções.

Erro — Se o modo de operação de um equipamento, subsistema ou sistema diverge do modo correto diz-se que ele apresenta erro (em inglês, *error*). Um defeito pode conduzir a um erro, ou seja, um erro é o mecanismo pelo qual o defeito se torna aparente. Um erro também pode ser uma discrepância entre um valor computado, medido ou observado e aquele que é teoricamente correto.

 Falha — Um equipamento, subsistema ou sistema apresenta falha (em inglês, *failure*) quando ele está impossibilitado de realizar a função para a qual foi projetado. As falhas ocorrem em momentos específicos devido à presença de erros.

Outros conceitos relacionados com a norma IEC 61508 serão apresentados no Capítulo 2, assim como outras normas relacionadas à segurança de máquinas.

A Figura 1 apresenta o modelo do queijo suíço, cujo objetivo é mostrar como o alinhamento de fatores de risco pode causar acidentes — por exemplo, um trabalhador que não foi treinado e está operando uma máquina sem proteções. Nesse caso, o trabalhador desconhece os riscos aos quais está exposto (ou seja, ele pode acreditar que a máquina é segura) e a máquina não parará caso ele coloque suas mãos dentro dela, por exemplo.

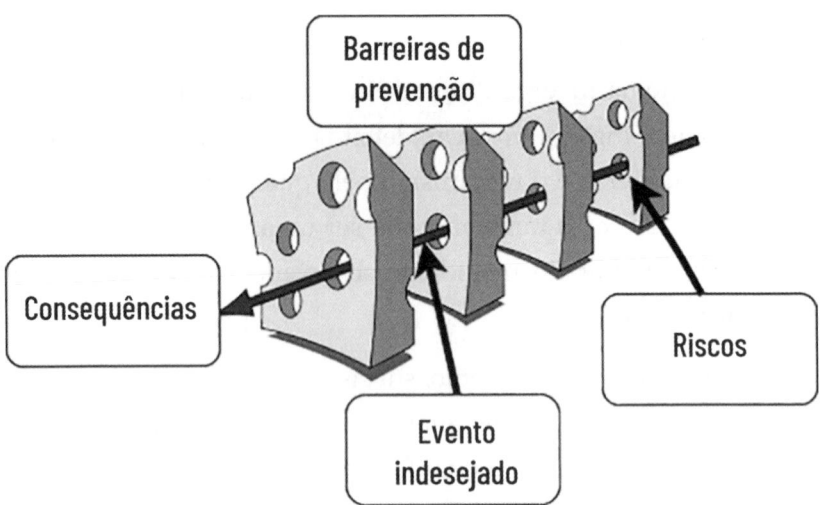

Figura 1. Modelo do queijo suíço - FONTE: OS AUTORES

Da mesma forma, um equipamento que não foi especificado corretamente e/ou testado de forma satisfatória pode contribuir de forma significativa para a ocorrência de acidentes quando é utilizado de maneira incorreta ou na presença de uma falha, visto que ele pode se comportar de modo inesperado nessas situações. Para reduzir os riscos existentes nas indústrias e nas demais aplicações que foram mencionadas anteriormente, em caso de emergência esses sistemas devem executar de forma confiável as ações que oferecem proteção contra perigos específicos e idealmente não devem falhar.

Para que os trabalhadores, usuários e demais pessoas envolvidas tenham a devida segurança, os fabricantes dos dispositivos devem garantir que os subsistemas (dispositivos) usados nos sistemas de segurança tiveram os riscos de falhas avaliados corretamente. Para isso, é necessário que tais dispositivos sejam projetados de acordo com as normas relacionadas à segurança funcional tais como IEC 61508, ABNT NBR ISO 13849-1 e IEC 62061 no caso de máquinas e equipamentos.

Introdução

Essas normas apresentam todas as exigências a serem atendidas durante o desenvolvimento de subsistemas ou sistemas que envolvam segurança funcional. Elas contemplam as etapas a serem seguidas durante o projeto e as ações que devem ser executadas em cada uma delas, as técnicas empregadas para minimização das falhas de especificação e desenvolvimento, assim como os tipos de testes que devem ser realizados e a documentação de todas as etapas.

O maior desafio consiste em projetar dispositivos de segurança de forma que seja possível evitar falhas perigosas ou controlar tais falhas quando as mesmas ocorrerem. Esses subsistemas são geralmente complexos, o que torna impossível determinar na prática cada falha potencial. Porém, os testes são essenciais para eliminar o maior número possível de falhas. A certificação do produto junto a uma agência competente atesta que ele foi projetado de acordo com as normas IEC/ISO aplicáveis.

Para viabilizar a realização de um projeto de um subsistema de segurança para um processo industrial ou máquina que utilizará idealmente equipamentos certificados, a realização da análise de riscos (que integra a etapa de apreciação de riscos) é fundamental e pode ser realizada com o emprego de diversas metodologias. São exemplos de metodologias a análise preliminar de risco (APR), o estudo de perigo e operabilidade (HAZOP, do inglês *Hazard and Operability Study*), a determinação da categoria para máquinas conforme a norma ABNT NBR 14153, entre outras técnicas.

As técnicas APR e HAZOP são comumente aplicadas visando a identificação de atividades e etapas de um processo industrial com potencial para causar danos à saúde dos trabalhadores e ao meio ambiente, embora possam ser utilizadas em muitos outros cenários, como, por exemplo, para identificar se uma máquina ou equipamento possui partes que podem causar lesões ou a morte de pessoas durante a sua operação.

A determinação da categoria conforme a norma ABNT NBR 14153, por sua vez, especifica o desempenho de uma parte de um sistema relacionado à segurança de máquinas no que diz respeito à ocorrência de defeitos.

O próximo capítulo traz uma visão abrangente das normas relacionadas com a segurança de máquinas e equipamentos industriais. No Capítulo 3 são apresentadas algumas técnicas que podem ser utilizadas durante a apreciação de riscos em máquinas e equipamentos. O Capítulo 4 apresenta boas práticas que, se aplicadas durante o projeto de software, são capazes de proporcionar maior segurança para os trabalhadores envolvidos; e o Capítulo 5 apresenta uma visão geral sobre os robôs colaborativos, que representam uma tendência na Indústria 4.0.

Exercícios propostos

Consulte o link a seguir para familiarizar-se com alguns números relacionados aos acidentes de trabalho no Brasil no Anuário Estatístico de Acidentes do Trabalho (AEAT) disponível em: https://www.gov.br/previdencia/pt-br/acesso-a-informacao/dados-abertos/saude-e-seguranca-do-trabalhador/dados-abertos-sst

1) Descreva o papel da OIT.
2) Pesquise sobre outras duas normas de segurança funcional e suas aplicações.
3) Diferencie perigo e risco.
4) Além das questões legais, qual é a importância de construir sistemas para segurança de máquinas com componentes certificados de acordo com as normas de segurança funcional (como, por exemplo, o CLP que comanda a parada de uma máquina)?

NORMAS

Neste capítulo é apresentada a norma ISO 45001 — Sistemas de gestão de segurança e saúde ocupacional — Requisitos com orientação para uso. Essa norma tem como objetivo estabelecer um sistema de gestão da Segurança e Saúde Ocupacional para poder, por meio da disseminação de boas práticas, eliminar ou minimizar os riscos para trabalhadores e demais pessoas que possam sofrer prejuízos decorrentes das atividades realizadas por uma organização. Posteriormente serão apresentadas algumas normas relacionadas à segurança de máquinas.

Para começar, é importante definir o conceito de norma técnica. De acordo com a Associação Brasileira de Normas Técnicas (ABNT), uma norma técnica é um documento estabelecido por consenso e aprovado por um organismo reconhecido que fornece, para uso comum e repetitivo, regras, diretrizes ou características para atividades ou para seus resultados, visando à obtenção de um grau ótimo de ordenação em um dado contexto. As normas são de caráter voluntário e se tornam obrigatórias conforme determinação do poder público.

A ABNT é responsável pela normalização técnica no Brasil e representa a ISO (*International Organization for Standardization*), IEC (*International Electrotechnical Commission*), COPANT (Comissão Panamericana de Normas Técnicas) e AMN (Associação MERCOSUL de Normalização). O significado das siglas das normas adotadas pelo Brasil consta a seguir:

- NR — Norma Regulamentadora (possui efeito de lei).
- NBR — Norma Técnica Brasileira (aprovada pela ABNT).
- NBR NM — Norma Técnica MERCOSUL (traduzida).
- NBR ISO — Norma Técnica Internacional (traduzida).

As normas são classificadas em três tipos — A, B e C. As normas do tipo A tratam de conceitos básicos, princípios de estruturação e aspectos gerais que podem ser aplicados para máquinas, como, por exemplo, NBR

ISO 12100 — Segurança de máquinas — Princípios gerais de projeto — Apreciação e Redução de riscos.

As normas do tipo B são referentes aos aspectos de segurança (B1) ou dispositivos de proteção (B2) que podem ser utilizados para diversas máquinas. Exemplos: ABNT NBR ISO 13849 — Segurança de máquinas — Partes de sistemas de comando relacionadas à segurança — Parte 1 e 2 (B1) e NBR 14152 — Segurança em máquinas — Dispositivos de comando bimanuais — Aspectos funcionais e princípios para projeto (B2).

Já as normas do tipo C apresentam exigências de segurança específicas para um grupo de máquinas. Exemplo: ISO 10218-1 — Robôs e dispositivos robóticos — Requisitos de segurança para robôs industriais — Parte 1: Robôs.

As Normas Regulamentadoras (NRs) são classificadas conforme segue:

 Normas gerais: regulamentam aspectos decorrentes da relação jurídica prevista em lei e não estão condicionadas a outros requisitos como setores e atividades econômicas específicos.

 Normas especiais: regulamentam a execução do trabalho considerando as atividades, instalações ou equipamentos empregados, porém sem estarem condicionadas a setores ou atividades econômicas específicas.

 Normas setoriais: regulamentam a execução do trabalho em setores ou atividades econômicas específicas.

No que diz respeito às regras de prevalência entre as NRs, a Portaria SIT Nº 787 — de 27/11/2018 — determina que, em caso de conflito entre dispositivos de NR, a NR setorial se sobrepõe à NR especial ou geral e a NR especial se sobrepõe à geral. Observe que a NR 12 é uma norma especial.

A seguir é apresentada a norma ISO 45001 — Sistemas de gestão de segurança e saúde ocupacional — Requisitos com orientação para uso. Logo após são descritas as normas relacionadas à segurança de máquinas.

2.1 Abordagem de Segurança Ocupacional nas empresas e a norma ISO 45001 — Sistemas de gestão de segurança e saúde ocupacional — Requisitos com orientação para uso

Uma equipe de saúde e segurança ocupacional é multidisciplinar, composta por profissionais como engenheiros de segurança do trabalho, médicos do trabalho, enfermeiros do trabalho e profissionais da área de ergonomia, entre outros. Esses profissionais atuam promovendo a saúde dos trabalhadores, melhorando as condições e o ambiente de trabalho.

Idealmente as equipes de saúde e segurança do trabalho devem ter total independência de seus empregadores para realizar inspeções em qualquer local da empresa, relatar problemas, apontar soluções etc. Além disso, é responsabilidade das companhias fornecer suporte financeiro para a realização das atividades dessas equipes.

Os profissionais de saúde e segurança do trabalho atuam eliminando e neutralizando os riscos com o objetivo de evitar acidentes, prevenir doenças ou impedir o seu agravamento. É possível reduzir os acidentes e as doenças ocupacionais eliminando as condições inseguras e os atos inseguros.

De forma mais detalhada, as seguintes atividades estão entre as funções das equipes de saúde e segurança do trabalho:

 Aconselhar sobre saúde, segurança, higiene ocupacional, ergonomia e equipamentos de proteção individual e colaborar no fornecimento de treinamentos a respeito desses tópicos.

Buscar adaptar o trabalho ao trabalhador.

 Observar fatores no ambiente de trabalho e práticas de trabalho que possam afetar a saúde dos trabalhadores.

 Caracterizar as atividades e, então, elaborar as devidas medidas para prevenção dos riscos.

 Monitorar a saúde dos trabalhadores.

 Participar da análise de acidentes e doenças ocupacionais.

A seção seguinte trata da norma ISO 45001, que tem como objetivo o fornecimento de diretrizes para auxiliar as organizações na melhoria do desempenho em SSO e na prevenção de lesões e doenças relacionadas ao trabalho.

2.1.1 A norma ISO 45001 – Sistemas de gestão de segurança e saúde ocupacional – Requisitos com orientação para uso

Em março de 2018 foi publicada a norma ISO 45001:2018. Essa norma substitui a OHSAS 18001 e as empresas já certificadas terão três anos a partir da publicação da norma para realização das adequações.

Assim como a OHSAS 18001:2007, a ISO 45001:2018 tem como objetivo estabelecer um sistema de gestão da Segurança e Saúde Ocupacional (SSO) para poder, por meio da disseminação de boas práticas, eliminar ou minimizar os riscos para trabalhadores e demais pessoas que possam sofrer prejuízos decorrentes das atividades realizadas por uma organização.

A ISO 45001:2018 foi redigida com base no Anexo SL — a nova Estrutura de Alto Nível (HLS) definida pela ISO que traz uma estrutura comum para todos os sistemas de gestão. O Anexo SL é usado desde 2012 e contém definições sobre disciplinas específicas. Por ser usado também nas normas ISO 9001 e ISO 14001 esse padrão facilita a comunicação interna e a implantação de sistemas integrados de gestão.

Assim como a OHSAS 18001, a nova norma baseia-se na metodologia PDCA (Planejar-Fazer-Verificar-Agir, do inglês *Plan-Do-Check-Act*). As fases são descritas a seguir:

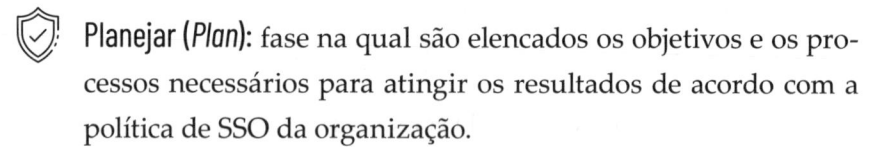

- **Planejar (*Plan*):** fase na qual são elencados os objetivos e os processos necessários para atingir os resultados de acordo com a política de SSO da organização.
- **Fazer (*Do*):** etapa para implementar os processos definidos.
- **Verificar (*Check*):** nesse ponto, os processos são monitorados e os resultados obtidos com a implementação dos mesmos são avaliados de acordo com a política de SSO da organização e os requisitos legais.
- **Agir (*Act*):** as ações necessárias para melhorar o desempenho da SSO são realizadas nessa fase.

A ISO 45001:2018 tem muitas diferenças na abordagem em relação à OHSAS 18001. Ainda assim, um sistema de gestão estabelecido de acordo com a OHSAS 18001 possui muitos dos requisitos necessários para poder migrar para a nova norma. As principais diferenças entre as duas normas são as seguintes:

- A ISO 45001 é baseada em processos, enquanto a norma anterior é baseada em procedimentos.
- A ISO 45001 considera riscos e oportunidades, enquanto a OHSAS 18001 considera somente os riscos.
- A ISO 45001 considera a visão de todas as partes interessadas, diferentemente do que ocorria na norma anterior.

Além disso, a ISO 45001 trouxe mudanças nos termos e definições, a fim de reduzir os mal-entendidos. Algumas dessas definições são apresentadas a seguir:

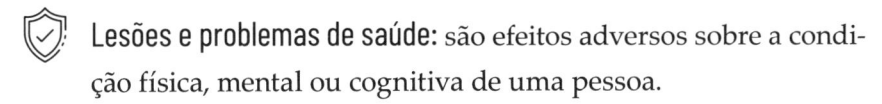

- **Lesões e problemas de saúde:** são efeitos adversos sobre a condição física, mental ou cognitiva de uma pessoa.
- **Perigo:** fonte ou situação com potencial para causar lesões e problemas de saúde.
- **Risco:** é o efeito da incerteza.
- **Risco de SSO:** é a combinação da probabilidade de ocorrência de uma exposição ou evento perigoso relacionado ao trabalho com a gravidade da lesão ou problema de saúde que podem ser causados pelo evento ou exposição.
- **Oportunidade de SSO:** conjunto de circunstâncias que podem levar à melhoria do desempenho de SSO.
- **Desempenho de SSO:** é o desempenho relacionado à eficácia da prevenção de lesões e problemas de saúde dos trabalhadores e ao fornecimento de locais de trabalho seguros e saudáveis.
- **Incidente:** ocorrência decorrente de ou no curso do trabalho que poderiam ou não resultar em lesões e problemas de saúde.

A seguir são descritas as cláusulas da norma ISO 45001.

CLÁUSULA 1: ESCOPO

Detalha o escopo da norma, a qual especifica os requisitos para um sistema de gestão de saúde e segurança ocupacional (SSO), com orientações para sua utilização.

CLÁUSULA 2: REFERÊNCIAS NORMATIVAS

Apesar de não existirem referências normativas dentro da norma, a cláusula é mantida para fins de compatibilidade com as demais normas ISO para sistema de gestão.

CLÁUSULA 3: TERMOS E DEFINIÇÕES

Os termos são listados em relação à sua importância conceitual.

CLÁUSULA 4: CONTEXTO DA ORGANIZAÇÃO

Essa cláusula trata do estabelecimento do contexto do sistema de gestão de SSO e da identificação das necessidades e expectativas dos trabalhadores e das partes interessadas nos resultados pretendidos pelo sistema de gestão de SSO.

São exemplos de partes interessadas: clientes, prestadores de serviços, autoridades e comunidade em geral. Para determinar o contexto do sistema de gestão é necessária a compreensão da influência exercida pelos fatores externos e internos à organização, como, por exemplo, os fatores sociais, culturais, políticos, legais e tecnológicos.

A norma recomenda a realização de reuniões com as partes interessadas a fim de documentar seus interesses e necessidades, bem como a revisão dos requisitos legais e cláusulas contratuais, entre outros aspectos.

CLÁUSULA 5: LIDERANÇA E PARTICIPAÇÃO DOS TRABALHADORES

A norma dá um maior enfoque para a alta administração demonstrar liderança e comprometimento com o sistema de gestão de SSO e assegurar a participação ativa dos trabalhadores no desenvolvimento, planejamento, implementação e melhoria contínua dele.

Para que a participação dos trabalhadores de todos os setores da organização seja efetiva, a ISO 45001 recomenda a realização de diversos treinamentos, levando em consideração que os gerentes e diretores muitas vezes têm poucos conhecimentos na área de SSO e que todos os trabalhadores devem ter consciência sobre o seu papel para a disseminação e o fortalecimento da cultura de segurança na organização.

CLÁUSULA 6: PLANEJAMENTO

A identificação e avaliação dos perigos são fundamentais e devem incluir tanto as atividades de rotina quanto as não rotineiras envolvendo os trabalhadores contratados pela organização, terceirizados, visitantes e outros. A norma requer o estabelecimento de um processo para avaliar os riscos e identificar as oportunidades, assim como para determinar e atualizar os requisitos legais e outros requisitos que são aplicáveis aos seus perigos e riscos de SSO.

A avaliação de riscos é fundamental para a prevenção de acidentes/incidentes e pode ser realizada com o emprego de diversas metodologias, como, por exemplo, Análise Preliminar de Risco (APR) e Estudo de perigo e operabilidade (HAZOP, do inglês *Hazard and Operability Study*).

No que diz respeito aos objetivos de SSO definidos pela organização, estes devem ser mensuráveis ou, pelo menos, possíveis de serem avaliados.

CLÁUSULA 7: SUPORTE

Essa cláusula determina que as organizações devem prover os recursos necessários para estabelecer, implementar, manter e melhorar continuamente o sistema de gestão de SSO.

As organizações devem garantir que todos os trabalhadores estejam cientes da política de SSO, bem como dos perigos e riscos relevantes e sua contribuição para a eficácia do sistema e as implicações de não conformidades com isso, como foi descrito na cláusula número 5. Um método adequado para a disseminação de informações relacionadas a SSO também deve ser mantido.

O requisito de "informação documentada" é semelhante ao requisito para documentos e registros da OHSAS 18001 e inclui, por exemplo:

- O escopo do sistema de gestão e a política de SSO.
- Papéis, responsabilidades e autoridades.
- Metodologias e critérios para avaliação de riscos.
- Requisitos legais aplicáveis e outros requisitos.
- Objetivos de SSO e planejamento.
- Processos para resposta de emergências.
- Evidências de monitoramentos e análise de resultados.
- Evidências relacionadas com incidentes e não conformidades e as respetivas ações e resultados obtidos.
- Evidências das ações para melhoria contínua e seus resultados.

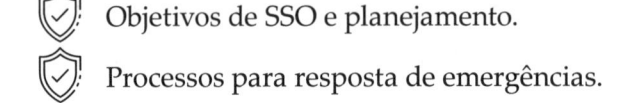

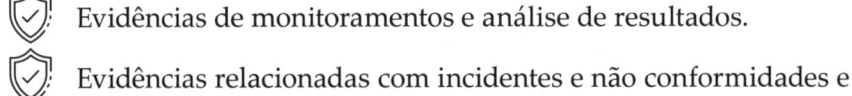

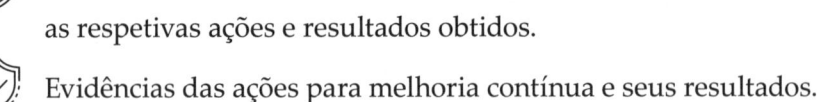

CLÁUSULA 8: OPERAÇÃO

Essa cláusula trata da execução dos planos e processos que são objetos das cláusulas anteriores. Os planejamentos e os controles operacionais devem ser estabelecidos para atender aos requisitos do sistema de gestão de SSO.

Assim como consta na norma OHSAS 18001, estes são objetivos dos controles operacionais: controle, redução e eliminação dos riscos de SSO a fim de cumprir a política que foi formulada. Para isso, devem ser levados em conta os equipamentos, as instalações e o arranjo físico de cada setor da organização, as informações sobre os procedimentos operacionais existentes, a natureza e a abrangência das tarefas que serão realizadas por trabalhadores terceirizados, o acesso ao local de trabalho por visitantes, entregadores e outros.

Os controles operacionais podem usar uma variedade de métodos, como por exemplo:

 A introdução de métodos de trabalho documentados e acessíveis por todos os envolvidos.

 O uso de sistemas seguros de trabalho.

 Regimes de manutenção preventiva de instalações, máquinas e equipamentos para prevenir o surgimento de condições inseguras.

 Programas de inspeção e avaliações regulares da competência dos trabalhadores.

 Treinamentos contínuos para trabalhadores que desempenham atividades com riscos significativos.

 Distribuição, controle e manutenção de equipamentos de proteção individual (EPI).

 Instalação de equipamentos de proteção coletiva (EPC).

 Estabelecimento de critérios para a seleção de trabalhadores contratados e terceirizados.

 Estabelecimento e manutenção de políticas relacionadas à promoção da saúde.

 Estabelecimento de critérios para avaliar e controlar a aquisição de materiais antes da sua introdução, podendo a empresa dar preferência a fornecedores que tenham a certificação ISO 9001 ou outras.

CLÁUSULA 9: AVALIAÇÃO DE DESEMPENHO

A avaliação de desempenho é similar à da OHSAS 18001. A frequência do monitoramento e das medições deve ser adequada ao tamanho e à natureza da organização. As informações documentadas para fornecer evidências devem ser mantidas.

CLÁUSULA 10: MELHORIA

A ISO 45001 possui alguns novos requisitos mais detalhados no que diz respeito à ação corretiva. O primeiro requisito orienta a empresa a reagir aos incidentes ou não conformidades e tomar ações em tempo hábil com o objetivo de controlar e corrigir.

As análises das causas de incidentes ou não conformidades podem ser usadas para explorar todos os possíveis fatores associados a um incidente ou não conformidade. Também é recomendado que seja verificado se outros incidentes ou não conformidades similares existem ou poderiam ocorrer. A finalidade dessa recomendação é viabilizar o emprego de ações corretivas em toda a organização, caso exista necessidade.

A norma ISO 45001:2018 traz diversas melhorias em relação à norma OHSAS 18001, embora elas apresentem muitos pontos em comum. Nos pontos em que a OHSAS apresentava ambiguidade a nova norma demonstrou-se mais detalhada, como, por exemplo, na cláusula 5 (Liderança e participação dos trabalhadores).

A OHSAS 18001 recomenda a participação de todos os setores da organização e a realização de treinamentos, porém a ISO 45001 deixa explícito que a falta de conhecimento a respeito de SSO é uma realidade comum entre gerentes e outros trabalhadores com elevado grau de instrução, além de deixar clara a necessidade de cada trabalhador ter consciência sobre a importância das suas atitudes para a gestão de SSO.

Normas

Para que as medidas preventivas sejam realmente eficazes é imprescindível que os gestores se mantenham empenhados continuamente com o objetivo de promover ações voltadas à segurança e ao bem-estar dos trabalhadores. Quando as melhorias acontecem somente depois de ocorrer um acontecimento indesejado — tal como um acidente de trabalho ou o adoecimento de um trabalhador por motivos relacionados ao trabalho —, os trabalhadores tendem a deixar de tomar as devidas precauções após certo tempo e até mesmo a esquecê-las completamente.

Quando um gestor deseja envolver seus funcionários visando a obtenção de um ambiente realmente seguro é necessário, primeiramente, que ocorra um planejamento com toda a diretoria e, depois, com os supervisores e chefes de setores que estão mais próximos dos funcionários no dia a dia.

Uma vez definidas as medidas de segurança, é importante ministrar treinamentos periódicos e realizar reuniões a cada dois ou três meses, por exemplo. As reuniões podem ser curtas e devem ter como objetivo principal o reforço de recomendações de segurança e a constituição de um espaço para os trabalhadores sugerirem melhorias. Além disso, é fundamental que os gestores sejam reconhecidos como exemplos de pessoas com atitudes seguras.

A seguir são descritas as normas IEC 61508, IEC 61511, IEC 62061, ABNT NBR ISO 13849-1, NR 12, ABNT NBR ISO 12100, ABNT NBR 14153 e ABNT ISO/TR 14121-2. Porém, antes de iniciar as explicações a respeito de cada uma delas, é conveniente responder à seguinte pergunta: por que precisamos dessas normas?

As tecnologias utilizadas nos sistemas de segurança de máquinas progrediram consideravelmente nas últimas décadas. Temos agora o uso de dispositivos eletrônicos programáveis nesses sistemas de segurança, o que trouxe vantagens em termos de custo e flexibilidade, contudo tornou padrões preexistentes obsoletos.

Para saber se um sistema de segurança é bom o suficiente, precisamos entender mais sobre ele, como, por exemplo, sobre seus componentes etc. É por esse motivo que as normas de segurança funcional solicitam diversas informações. Elas precisam ser capazes de exigir fatores básicos de confiabilidade, detecção de falhas e integridade do sistema. Esse é o objetivo das normas sobre as quais falaremos a seguir.

Antes, porém, é fundamental diferenciar dois tipos de usuários: os projetistas de subsistemas relacionados à segurança e os projetistas de sistemas relacionados à segurança.

Em geral, o projetista do subsistema é um fabricante de componentes de segurança e como tal deve ser submetido a um nível mais alto de rigor. Fabricantes de CLPs, por exemplo, precisam fornecer os dados necessários para que o projetista do sistema possa garantir que o subsistema tenha integridade adequada. Isso geralmente exige muitos testes, análises e cálculos. Os resultados devem ser expressos na forma dos dados exigidos pela norma em questão. As agências certificadoras realizam inspeções rigorosas nos projetos de segurança funcional com o objetivo de verificar se as normas realmente estão sendo atendidas.

Já o projetista do sistema é tipicamente um projetista ou integrador de máquinas que utiliza os dados do subsistema para executar alguns cálculos mais simples como parte da determinação do nível geral de segurança alcançado pelo sistema, cuja nomenclatura varia de acordo com cada norma.

E, no que diz respeito às certificações por agências competentes, elas são obrigatórias? As normas de segurança funcional, como o próprio nome sugere, são normas e não leis. Por esse motivo a conformidade com elas nem sempre é legalmente exigida. No entanto, em muitas ocasiões, a conformidade é identificada como melhor prática e, portanto, pode ser citada em casos de responsabilidade.

> **Dica:** a diferença mais significativa entre norma regulamentadora e norma técnica está na obrigatoriedade do seu cumprimento, visto que as normas regulamentadoras (NRs) são de uso obrigatório e as Normas Técnicas são de uso opcional, exceto nos casos em que elas são citadas nas NRs.

Na seção a seguir falaremos sobre a norma IEC 61508, que é utilizada pelos fabricantes de CLPs de segurança, cortinas de luz etc. e cujo nível de segurança é o SIL — Nível de Integridade de Segurança, do inglês *Safety Integrity Level*.

2.2 IEC 61508

A norma internacional IEC 61508 (Segurança Funcional de Sistemas Elétricos/Eletrônicos/Programáveis, do inglês *Functional safety of electrical/electronic/programmable electronic safety-related systems*) é aplicável para o ciclo de vida completo de sistemas relacionados à segurança que contêm componentes elétricos, eletrônicos ou eletrônicos programáveis (E/E/PE). Essa norma foi publicada pela primeira vez em 1998 e se aplica a empresas fabricantes de dispositivos e aos projetistas de plantas, sendo complementada por outras normas, como a IEC 61511 para o setor de processo, e as IEC 62061 e ISO 13849-1 para máquinas.

A nomenclatura utilizada nas normas IEC 61508 e IEC 61511, bem como as boas práticas que são sugeridas nas mesmas estão de acordo com as normas que foram desenvolvidas para os demais setores, como, por exemplo, o setor de máquinas. Nas seções a seguir serão apresentados alguns conceitos relevantes acerca das normas IEC 61508 e IEC 61511. É importante ressaltar que a IEC 61511 é uma norma setorial que se aplica aos processos industriais e não às máquinas. Ela é tratada na seção 2.3 IEC 61511.

Os sistemas eletrônicos programáveis têm sido usados em todos os setores para executar funções relacionadas e não relacionadas à segurança. Para que a tecnologia do sistema computacional seja explorada de maneira eficaz e segura, é essencial que os responsáveis pela tomada de decisões tenham orientações suficientes no que diz respeito aos aspectos de segurança sobre os quais eles devem tomar tais decisões.

A norma IEC 61508 estabelece uma abordagem genérica para todas as atividades do ciclo de vida de segurança para sistemas compostos por elementos elétricos e/ou eletrônicos e/ou eletrônicos programáveis (E/E/PE), que são usados para executar funções de segurança. O objetivo principal é facilitar o desenvolvimento de padrões internacionais do setor de produtos e aplicativos com base na série IEC 61508.

Em muitas situações a segurança é alcançada por diversos sistemas que dependem de muitas tecnologias, como mecânica, hidráulica, pneumática, elétrica, eletrônica e eletrônica programável. Por esse motivo, qualquer estratégia de segurança deve considerar não apenas todos os elementos em um sistema individual — sensores, por exemplo —, mas todos os sistemas que compõem a combinação total de sistemas relacionados à segurança. Embora a IEC 61508 esteja relacionada aos sistemas relacionados à segurança de E/E/PE, ela também pode fornecer uma estrutura na qual os sistemas relacionados à segurança que são baseados em outras tecnologias podem ser considerados.

Essa norma leva em conta todas as fases gerais relevantes do sistema de E/E/PE e do ciclo de vida de segurança do software desde o conceito inicial, passando pelo projeto, implementação, operação e manutenção até o descomissionamento.

A IEC 61508 fornece um método para o desenvolvimento da especificação de requisitos de segurança necessária para alcançar a segurança funcional exigida para sistemas relacionados à segurança de E/E/PE. Além da especificação de requisitos de segurança, um plano de segurança funcional deve ser realizado com o objetivo de definir as atividades que devem ser realizadas com as pessoas, departamentos etc. Esse planejamento deve ser atualizado conforme necessário durante todo o ciclo de vida da segurança. Esses e os demais documentos requisitados tanto por essa norma quanto por outras tratadas neste livro são descritos no Capítulo 4.

A norma adota uma abordagem baseada no risco pelo qual os requisitos de integridade de segurança podem ser determinados e introduz níveis de integridade de segurança para especificar o nível-alvo do mesmo para as funções a serem implementadas pelos sistemas relacionados à segurança de E/E/PE. Contudo, a IEC 61508 não especifica os requisitos de nível de integridade de segurança para nenhuma função de segurança, nem especifica como o nível é determinado. Em vez disso, a norma fornece uma estrutura conceitual baseada em risco e técnicas de exemplo.

2.2.1 Aplicabilidade da norma IEC 61508

A seguir são apresentadas as restrições no que diz respeito à aplicabilidade da norma:

- A norma se aplica aos sistemas relacionados à segurança quando um ou mais desses sistemas incorporam elementos E/E/PE.

- Embora uma pessoa possa fazer parte de um sistema relacionado à segurança, os requisitos de fatores humanos referentes ao projeto de sistemas relacionados à segurança de E/E/PE não são considerados detalhadamente pela norma.

- A norma cobre a obtenção de um risco tolerável por meio do uso de sistemas relacionados à segurança de E/E/PE, mas não cobre riscos decorrentes do próprio equipamento de E/E/PE, como o choque elétrico, por exemplo.

- A norma se aplica a todos os tipos de sistemas relacionados à segurança de E/E/PE, incluindo sistemas de proteção e controle.

- A norma não abrange sistemas de E/E/PE onde um único sistema de E/E/PE é capaz de, por si só, enfrentar o risco tolerável, e onde a integridade de segurança exigida das funções de segurança do sistema E/E/PE único é menor do que a especificada para o nível 1 de integridade de segurança — o nível 1 é o nível mais baixo de integridade de segurança nessa norma, ele será tratado na seção 2.2.8 Nível de integridade de segurança (SIL).

- A IEC 61508 abrange principalmente os sistemas relacionados à segurança de E/E/PE, cuja falha pode afetar a segurança de pessoas e/ou o meio ambiente.

- Essa norma utiliza um modelo geral de ciclo de vida de segurança como estrutura técnica para lidar sistematicamente com as atividades necessárias a fim de garantir a segurança funcional dos sistemas relacionados à segurança de E/E/PE.

- A norma não especifica os níveis de integridade de segurança exigidos para aplicações de setores porque eles devem ser baseados em informações e conhecimentos detalhados da aplicação de cada setor. Os comitês técnicos responsáveis pelos setores de aplicação específicos devem determinar, quando apropriado, os níveis de integridade de segurança nas normas do setor de aplicação.

- A IEC 61508 fornece requisitos gerais para sistemas relacionados à segurança de E/E/PE nos quais não existem padrões internacionais do setor de produtos ou aplicações.

A norma requer que ações não autorizadas sejam consideradas durante a análise de perigos e riscos. O escopo da análise inclui todas as fases relevantes do ciclo de vida de segurança, porém a norma não cobre as precauções que podem ser necessárias para evitar que pessoas não autorizadas danifiquem a segurança funcional dos sistemas relacionados à segurança de E/E/PE.

2.2.2 Partes da norma IEC 61508

A seguir são apresentadas as partes da norma IEC 61508:

Parte 1: requisitos gerais (do inglês *General requirements*).

Parte 2: requisitos para sistemas relacionados à segurança de elétricos/eletrônicos/eletrônicos programáveis (do inglês *Requirements for electrical/electronic/programmable electronic safety-related systems*).

Parte 3: requisitos de software (do inglês *Software requirements*).

Parte 4: definições e abreviaturas (do inglês *Definitions and abbreviations*).

Parte 5: exemplos de métodos para determinação do nível de integridade de segurança (do inglês *Examples of methods for the determination of safety integrity levels*).

Parte 6: orientações para aplicação da IEC 61508-2 e da IEC 61508-3 (do inglês *Guidelines on the application of IEC 61508-2 and IEC 61508-3*).

Parte 7: visão geral das técnicas e medidas (do inglês *Overview of techniques and measures*).

2.2.3 Sistemas relacionados à segurança

Os sistemas relacionados à segurança (em inglês, *Safety Related System*) também são conhecidos como Sistemas de Desligamento de Emergência, têm como propósito reduzir o risco de um processo para um nível tolerável e alcançam esse objetivo diminuindo a frequência de incidentes indesejáveis.

Esses sistemas são projetados para responder a condições perigosas ou potencialmente perigosas e são compostos de subsistemas (sensores, Controladores Lógicos Programáveis (CLPs), atuadores etc.) que são projetados com o objetivo de trazer um processo industrial ou uma máquina automaticamente para um estado seguro predefinido quando condições específicas são violadas.

Um sistema relacionado à segurança pode ser usado para implementar uma ou mais funções de segurança. A norma IEC 61511 se refere a esse tipo de sistema usando o termo sistema instrumentado de segurança (em inglês, *Safety Instrumented System* — SIS). O conceito é exatamente o mesmo.

2.2.4 Função instrumentada de segurança ou função de segurança (FIS)

Uma FIS consiste em um conjunto de ações que são realizadas a fim de trazer um processo industrial, uma máquina ou equipamento para um estado seguro. Ou seja, uma FIS protege contra um perigo específico.

A norma IEC 61511 define a FIS como sendo uma função de segurança com um nível específico de integridade de segurança (do inglês *Safety Integrity Level* — SIL) que é necessário para alcançar segurança funcional. São exemplos de FIS a parada automática de emergência de uma máquina quando uma parte do corpo do operador invade uma área na qual existe risco de corte ou decepamento de membros ou, ainda, a abertura ou fechamento de uma válvula quando a pressão em um vaso excede o limite de segurança preestabelecido.

2.2.5 Falha segura

É a falha de um elemento que cumpre papel na implementação da função de segurança e que aumenta a probabilidade de uma operação espúria da função de segurança para colocar ou manter o equipamento, máquina, processo etc. em estado seguro.

2.2.6 Falha perigosa

É a falha de um elemento que cumpre papel na implementação da função de segurança e tem potencial para impossibilitar o sistema de executar a função de segurança ou fazer com que ela não seja executada corretamente.

2.2.7 Arquiteturas

Um sistema MooN (M de N) consiste em N canais independentes, dos quais os canais M devem funcionar com segurança para que todo o sistema possa executar a função de segurança. Por exemplo, uma arquitetura de canal único é designada por 1oo1, uma arquitetura com dois canais é 1oo2 etc. A Figura 2 mostra as arquiteturas com um e dois canais.

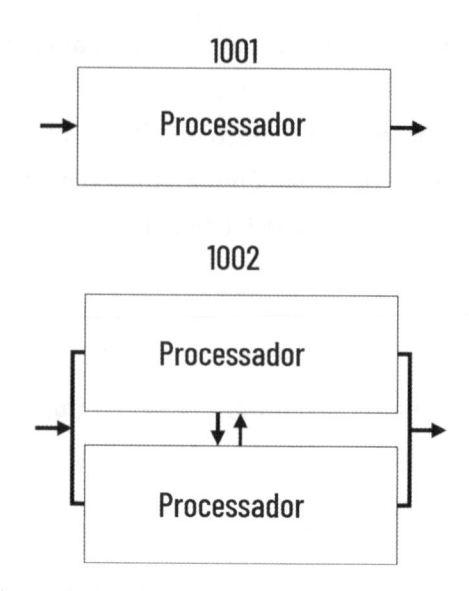

Figura 2. Arquiteturas 1oo1 e 1oo2 - FONTE: OS AUTORES

2.2.8 Nível de integridade de segurança (SIL)

É o parâmetro de projeto chave que especifica a medida de redução de risco que um equipamento de segurança requer para alcançar uma função particular. O SIL é um nível discreto (de um a quatro) para a especificação dos requisitos de integridade das funções instrumentadas de segurança.

O nível SIL 4 é o mais alto e o SIL 1 é o mais baixo. Os SIS (ou seja, os conjuntos de equipamentos) podem ter nível SIL 1, SIL 2 etc., enquanto os CLPs, sensores etc. podem ser *capazes* de ter um determinado SIL. O nível SIL 4 é utilizado, por exemplo, em aplicações para controle de tráfego ferroviário e em instalações nucleares. Já o nível de segurança SIL 3 é empregado com frequência no setor de óleo e gás e em segurança de máquinas.

A opção pelo uso de dispositivos que são aptos para atuar em sistemas de segurança com um ou outro nível SIL deve ser realizada após uma análise de risco na qual devem ser levadas em consideração a legislação vigente e as normas aplicáveis.

2.2.9 Limitação do nível de integridade de segurança de um elemento

É importante ressaltar que os equipamentos podem apenas ser capazes de um determinado nível SIL. Dessa forma, o uso de um equipamento capaz de SIL 3 não torna um processo SIL 3. Para ter um processo com nível SIL é necessário analisar os riscos inerentes ao mesmo e fazer um projeto inteiro seguindo as normas IEC 61508 e IEC 61511. Além disso, é recomendado certificar o projeto junto a uma agência competente. O "SIL" máximo alcançável de um elemento do sistema de segurança é limitado pelos seguintes fatores:

- Proporção de falhas seguras de um elemento de hardware (SFF, do inglês *Safe Failure Fraction*). O SFF tem duas interpretações: a) a fração de todas as falhas que são "seguras", significando que elas são seguras por definição na IEC 61508 ou perigosas detectadas (DD); e b) a probabilidade de que uma falha seja "segura", dado que ocorreu uma falha.

- Tolerância a falhas de hardware (HFT, do inglês *Hardware Fault Tolerance*): com uma tolerância de falha de hardware de N, N + 1 é o número mínimo de erros que podem levar à perda de uma função de segurança. Um sistema instrumentado de segurança com arquitetura de canal único possui uma tolerância de falha de hardware de 0.

- Complexidade dos componentes tipo A e B: para os componentes do tipo A o desempenho de falha está definido e o mau funcionamento é identificado. Um termo par, por exemplo, é um componente do tipo A. Já para os componentes complexos do tipo B, o desempenho de falha de, pelo menos, um componente não está definido. Um componente de tipo B é, por exemplo, um circuito eletrônico contendo um microprocessador.

2.2.10 Limitação do SIL de todo o sistema de segurança

A norma IEC 61508 informa valores que limitam o SIL de todo o sistema de segurança dependendo da frequência com que o sistema de segurança é exigido. São eles:

- PFH (probabilidade de falha perigosa por hora): é a frequência média de uma falha perigosa da função de segurança para um modo de operação com taxas de demanda altas ou contínuas. É especialmente relevante para a construção de máquinas.
- PFDavg (probabilidade de falha na demanda): é a probabilidade média de falha perigosa na demanda de uma função de segurança para um modo operacional com baixa taxa de demanda. Quanto menor o valor PFDavg ou PFH, maior será o SIL possível de todo o sistema.

2.2.11 Intervalo de teste de prova

Representa o tempo após o qual um subsistema deve ser verificado ou substituído para garantir que esteja em perfeitas condições. Na prática, no setor de máquinas, isso é alcançado pela substituição. A norma ABNT NBR ISO 13849-1 refere-se ao intervalo de teste de prova como sendo o tempo da missão.

O teste de prova deve detectar 100% de todas as falhas perigosas, incluindo a função de diagnóstico (se houver). Canais separados devem ser testados separadamente. Ao contrário dos testes de diagnóstico, que são automáticos, os testes de prova são geralmente realizados manualmente e offline. Sendo automático, o teste de diagnóstico é realizado muitas vezes em comparação com o teste de prova, que é feito com pouca frequência. O intervalo do teste de prova deve ser declarado pelo fabricante.

2.2.12 Limitações estruturais

As características estruturais do sistema relacionado à segurança podem limitar o SIL máximo possível. Em uma arquitetura de canal único, o SIL máximo é determinado pelo componente cujo SIL é menor. A Figura 3 mostra um sistema em que o SIL é limitado pelo atuador. Nesse caso, o SIL do sistema é 1.

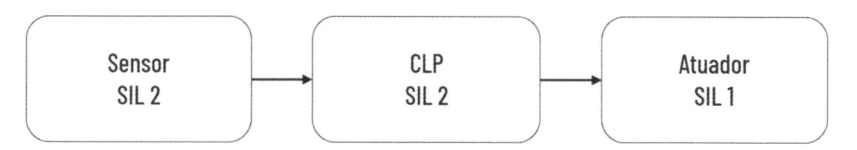

```
┌──────────┐     ┌──────────┐     ┌──────────┐
│  Sensor  │ ──▶ │   CLP    │ ──▶ │ Atuador  │
│  SIL 2   │     │  SIL 2   │     │  SIL 1   │
└──────────┘     └──────────┘     └──────────┘
```

Figura 3. Sistema relacionado à segurança - FONTE: OS AUTORES

2.2.13 Diferença entre Sistemas Instrumentados de Segurança e Sistemas de Controle de Processo Básicos

É importante destacar que os SIS não substituem os Sistemas de Controle de Processo Básicos (BPCS, do inglês *Basic Process Control System*). Um sistema instrumentado de segurança, assim como um sistema de controle de processo básico é composto de sensores, CLPs e atuadores.

Embora parte do hardware seja similar, SIS e BPCS diferem muito na função. A função primária de uma malha de controle é geralmente manter o processo variável dentro dos limites prescritos enquanto o SIS monitora um processo variável e inicia a ação quando requerido, ou seja, na iminência de uma condição perigosa. Dessa forma, SIS e BPCS coexistem, sendo que componentes do BPCS não devem ser substituídos por componentes seguros.

Contudo, existem no mercado soluções que oferecem integração completa em uma única arquitetura, na qual as funções de segurança e controle padrão residem e trabalham juntas. As vantagens desse tipo de abordagem são diversas. A possibilidade de utilizar ferramentas e tecnologias comuns, por exemplo, reduz os custos associados ao projeto, à instalação, ao comissionamento, à manutenção e ainda facilita os treinamentos.

2.3 IEC 61511

A norma internacional IEC 61511 — Sistemas instrumentados de segurança para a indústria de processos, (do inglês *Safety instrumented systems for the process industry sector*), por sua vez, é aplicável para a especificação de sistemas instrumentados de segurança (SIS), bem como para a análise de perigos e riscos que é necessária para a especificação dos SIS.

A IEC 61511 é aplicável aos SIS que fazem uso de dispositivos que atendem às especificações da norma IEC 61508, definindo requisitos para todas as partes de um SIS (incluindo a programação deles). Essa norma pode ser utilizada em diversas indústrias, tais como química, farmacêutica e em geração de energia não nuclear. A Figura 4 mostra a relação entre as normas IEC 61508 e IEC 61511.

```
                  Padrões para sistemas
                   instrumentados de
                  segurança (SIS) para o
                   setor de processos
                   /              \
          Fabricantes e        Projetistas de SIS,
          distribuidores       integradores e usuários
            IEC 61508              IEC 61511
```

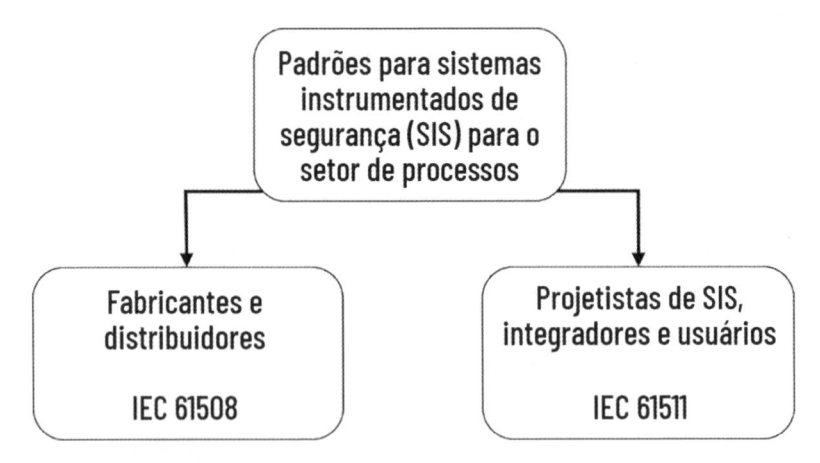

Figura 4. Relação entre as normas IEC 61508 e IEC 61511 - FONTE: OS AUTORES

A norma IEC 61511 requer que seja realizada uma avaliação de perigo e risco do processo para permitir a derivação da especificação de sistemas instrumentados de segurança (SIS). O sistema instrumentado de segurança (SIS) inclui todos os componentes e subsistemas necessários para executar a função instrumentada de segurança, desde os sensores até os elementos finais.

Essa norma trata de sistemas instrumentados de segurança baseados no uso de tecnologia E/E/PE. Também são tratados os sensores do sistema instrumentado de segurança e dos elementos finais, independentemente da tecnologia utilizada.

Na maioria das situações, a segurança é alcançada com mais sucesso por um projeto de processo inerentemente seguro. Se for necessário, isso pode ser combinado com sistemas de proteção para lidar com qualquer risco residual identificado. Os sistemas de proteção podem contar com diferentes tecnologias, como: mecânica, hidráulica e pneumática. Para facilitar essa abordagem, esse padrão exige que seja realizada uma avaliação de perigo e risco para identificar os requisitos gerais de segurança.

2.3.1 Aplicabilidade da norma IEC 61511

A seguir constam algumas observações no que diz respeito à aplicabilidade da norma IEC 61511:

- A norma é aplicável a uma ampla variedade de indústrias do setor de processos, produção de petróleo e gás, celulose e papel e geração de energia não nuclear.
- Essa norma permite que os padrões da indústria de processos específicos de um determinado país, sejam eles existentes ou novos, possam ser harmonizados com esse padrão.

A IEC 61511 exige que seja realizada uma alocação dos requisitos de segurança para os SIS. A norma aborda todas as fases do ciclo de vida de segurança, desde o conceito inicial, projeto, implementação, operação e manutenção até o descomissionamento.

A IEC 61508 utiliza um ciclo de vida de segurança e define uma lista de atividades necessárias para determinar os requisitos funcionais e os requisitos de integridade de segurança para os sistemas instrumentados de segurança. A norma exige que seja realizada uma avaliação de perigo e risco para definir os requisitos funcionais de segurança e os níveis de integridade de segurança de cada função instrumentada de segurança.

Apesar de especificar os requisitos para alcançar a segurança funcional, a norma não determina quem é responsável pela implementação deles, como, por exemplo, projetistas, fornecedores, contratados etc. Essa responsabilidade será atribuída a diferentes partes de acordo com o planejamento de segurança e os regulamentos nacionais.

São especificados requisitos para arquitetura do sistema e configuração de hardware, software aplicativo e integração de sistemas. Também são especificados requisitos mínimos para tolerância a falhas de hardware.

Essa norma não se aplica aos fabricantes, projetistas de SIS, integradores e usuários que desenvolvem software embarcado (ou seja, o software do sistema). Assim, a norma é aplicável ao desenvolvimento de software de aplicação. As diferenças entre software de aplicação e software embarcado são tratadas em detalhes na seção 2.4.8 O software de acordo com a norma ABNT NBR ISO 13849-1.

- A norma define as técnicas e medidas necessárias para atingir os níveis de integridade de segurança (SIL) especificados e determina um nível máximo de desempenho (SIL 4) que pode ser alcançado para uma função instrumentada de segurança implementada de acordo com essa norma.
- A norma define ainda um nível mínimo de desempenho (SIL 1) abaixo do qual ela não se aplica.
- É fornecida uma estrutura para estabelecer níveis SIL, mas não são especificados os níveis de integridade de segurança necessários para aplicações específicas, que devem ser estabelecidas com base no conhecimento de certa aplicação.
- A norma requer que o projeto de uma função instrumentada de segurança leve em consideração fatores humanos, mas não impõe requisitos diretos ao operador individual ou ao pessoal de manutenção.

A IEC 61511 define ainda que um plano de segurança funcional deve ser realizado com o objetivo de definir as atividades que devem ser realizadas juntamente com as pessoas, departamentos, organizações ou outras unidades responsáveis pela realização dessas atividades. Esse planejamento deve ser atualizado conforme necessário durante todo o ciclo de vida da segurança. O plano de segurança é tratado na seção 4.3 Elaboração do Plano de Segurança Funcional. Os demais documentos requisitados tanto por essa norma quanto por outras tratadas neste livro são descritos no Capítulo 4.

2.4 ABNT NBR ISO 13849-1

Os fabricantes de máquinas europeus, assim como as indústrias que fazem uso de máquinas, são obrigados por lei a garantir a proteção de pessoas e do ambiente, tal como acontece no Brasil.

A norma ABNT NBR ISO 13849 foi desenvolvida com o objetivo de fornecer requisitos para o projeto e a integração de partes de sistemas de controle relacionadas à segurança, incluindo alguns aspectos do software.

A ABNT NBR ISO 13849-1 (Segurança de máquinas, partes relacionadas com a segurança de sistemas de controle, princípios gerais de projeto, do inglês *Safety of machinery — safety related parts of control systems — general principles for design*) é a sucessora da norma europeia (*European Norm*) EN 954-1 para o dimensionamento de sistemas de segurança para máquinas.

Essa norma é aplicável a partes relacionadas à segurança de sistemas de controle (SRP/CS, do inglês *Safety Related Parts/Control Systems*) em todos os tipos de máquinas, independentemente da tecnologia utilizada (elétrica, hidráulica etc.). Ela também especifica requisitos para SRP/CS com sistemas eletrônicos programáveis.

Já a norma ISO 13849-2 (Segurança de máquinas — partes relacionadas à segurança de sistemas de controle — validação, do inglês *Safety of machinery — safety related parts of control systems — validation*) especifica os procedimentos a serem seguidos para a validação pela análise e teste das funções de segurança especificadas, a categoria e o nível de desempenho alcançados pelas partes relacionadas à segurança de um sistema de controle projetado de acordo com a norma ABNT NBR ISO 13849-1.

A norma ABNT NBR ISO 13849-1 é detalhada a seguir.

2.4.1 Referências a outras normas

Um sistema de controle em uma máquina deve ser considerado como relacionado à segurança se contribuir para reduzir qualquer risco a um nível aceitável ou se for necessário que ele funcione corretamente para manter ou obter segurança. Em diversas situações, a norma ABNT NBR ISO 13849-1 faz referências à IEC 61508 no que diz respeito aos sistemas embarcados com software complexo.

A ABNT NBR ISO 13849-1 também faz referências a outras normas, entre as quais está a ABNT NBR ISO 12100 — Segurança de máquinas — Princípios gerais de projeto — Apreciação e Redução de riscos. A estratégia para redução de riscos em máquinas é apresentada por essa norma e cobre todo o ciclo de vida da máquina. O processo de análise e redução de riscos de uma máquina determina que os riscos sejam eliminados ou reduzidos por meio de uma hierarquia de medidas:

- Eliminação ou redução de riscos por projeto (norma ABNT NBR ISO 12100).
- Redução de riscos por meio de medidas de proteção (norma ABNT NBR ISO 12100).
- Redução de risco a partir do fornecimento de informações para uso que contemplem o risco residual após a consideração das medidas de proteção (norma ABNT NBR ISO 12100).

Os termos que contribuem para os cálculos de confiabilidade para as funções de segurança de acordo com a ABNT NBR ISO 13849-1 são descritos nas próximas seções.

2.4.2 Nível de desempenho

Quanto maior o risco, maiores são as exigências para os sistemas de comando. A situação de perigo é dividida em cinco níveis de desempenho (PL — do inglês *Performance Level*): de PL *"a"* (baixo) até PL *"e"* (alto). O Quadro 1: Nível de performance (PL) mostra a relação entre o PL[1] e a probabilidade de falha perigosa por hora.

Nível de Performance (PL)	Probabilidade de falha perigosa por hora
A	$\geq 10^{-5} ... < 10^{-4}$
B	$\geq 3 \times 10^{-6} ... < 10^{-5}$
C	$\geq 10^{-6} ... 3 \times 10^{-6}$
D	$\geq 10^{-7} ... 10^{-6}$
E	$\geq 10^{-8} ... < 10^{-7}$

Quadro 1: Nível de performance (PL) - FONTE: OS AUTORES

Além da probabilidade de falha perigosa por hora, o PL é descrito pelas grandezas apresentadas a seguir.

2.4.3 Consideração de falhas

Conforme a norma ABNT NBR ISO 13849-1, os seguintes critérios de falha devem ser levados em consideração:

- Se, como consequência de uma falha, outros componentes falharem, a primeira falha, juntamente as demais, serão consideradas como uma falha única.

- As falhas de causa comum (CCF — do inglês *Common Cause Failure*) são falhas de diferentes itens, resultantes de um único evento, em que as falhas não são consequências umas das outras.

Normas

> É altamente improvável a ocorrência simultânea de duas ou mais falhas com causas separadas e, portanto, essa possibilidade não precisa ser considerada.

A exclusão de falhas por sua vez pode ser baseada na improbabilidade técnica da ocorrência de algumas falhas e/ou nos requisitos técnicos relacionados à aplicação e ao perigo específico. Se uma ou mais falhas for(em) excluída(s) torna-se necessário incluir uma justificativa detalhada na documentação técnica.

2.4.4 Cobertura de diagnóstico

A cobertura de diagnóstico (DC — do inglês *Diagnostic Coverage*) é a medida da eficácia de diagnóstico, a qual é expressa como sendo a razão entre a taxa de falhas perigosas detectadas e a taxa de falhas perigosas totais. Os níveis de DC são mostrados no Quadro 2: Cobertura de diagnóstico (DC).

Níveis	Alcance do $MTTF_d$ de cada canal
Nenhum	$DC < 60\%$
Baixo	$60\% \leq DC < 90\%$
Médio	$90\% \leq DC < 99\%$
Alto	$99\% \leq DC$

Quadro 2: Cobertura de diagnóstico (DC) - FONTE: OS AUTORES

Para a estimativa do percentual de DC podem ser usados métodos tais como o Modo de Falha e Análise de Efeitos (FMEA — do inglês *Failure Mode and Effects Analysis*), o qual é explicado na norma IEC 60812. Além disso, o anexo E da norma ABNT NBR ISO 13849-1 traz uma abordagem simplificada para a estimativa da cobertura de diagnóstico. O monitoramento direto, como, por exemplo, o monitoramento da posição elétrica de válvulas de controle e de dispositivos eletromecânicos por elementos de contato ligados mecanicamente implica em uma cobertura de diagnóstico de 99%. Já o monitoramento de algumas características do sensor, tais como o tempo de resposta e sinais analógicos — por exemplo, a resistência elétrica e a capacitância —, asseguram uma cobertura de diagnóstico de 60%.

2.4.5 Tempo médio para falhas perigosas de cada canal

O Tempo médio para falhas perigosas de cada canal ($MTTF_d$ — do inglês *Mean Time To Dangerous Failure*) é a expectativa do tempo médio para falhas que podem ter como consequência a perda da função de segurança. O $MTTF_d$ é expresso em anos e deve ser levado em consideração para cada canal de forma individual no caso de sistemas redundantes. A norma ABNT NBR ISO 13849-1 agrupa as variações do $MTTF_d$ conforme é mostrado no Quadro 3: Níveis para o $MTTF_d$.

Níveis	Alcance do $MTTF_d$ de cada canal
Baixo	$3 \leq MTTF_d < 10$ anos
Médio	$10 \leq MTTF_d < 30$ anos
Alto	$30 \leq MTTF_d < 100$ anos

Quadro 3: Níveis para o $MTTF_d$ - FONTE: OS AUTORES

2.4.6 Categorias

É a classificação das partes de um sistema de comando que são relacionadas à segurança no que diz respeito à sua resistência a defeitos e a seu comportamento na condição de defeito, que é alcançada pela combinação e interligação das partes e/ou por sua confiabilidade. Existem cinco categorias definidas: B, 1, 2, 3 e 4, as quais são descritas a seguir.

Para cada categoria pode ser feita uma representação típica como um diagrama de blocos. Essas representações são chamadas de arquiteturas designadas e são listadas no contexto de cada uma das seguintes categorias. É importante observar que as arquiteturas designadas podem ser aplicadas para sistemas completos ou subsistemas. Além disso, os diagramas não devem necessariamente ser considerados como uma estrutura física, visto que eles são destinados especialmente a representar de forma gráfica os requisitos conceituais.

CATEGORIA B

A categoria B é a básica. Nela, a ocorrência de uma falha pode levar à perda da função de segurança e uma maior resistência a falhas é alcançada predominantemente pela seleção de componentes. O SRP/CS deve, no mínimo, ser projetado, construído, selecionado e montado de acordo com as normas relevantes e empregando princípios básicos de segurança para que a aplicação específica possa suportar as tensões operacionais esperadas, a influência do material processado e outras influências externas relevantes, como, por exemplo, as vibrações mecânicas, as interferências eletromagnéticas e as interrupções ou distúrbios na fonte de alimentação.

Não há cobertura de diagnóstico nos sistemas dessa categoria e o $MTTF_d$ de cada canal pode ser baixo a médio. Além disso, a consideração do CCF não é relevante e o PL máximo atingível é o *b*. A arquitetura para a categoria B é mostrada na Figura 5.

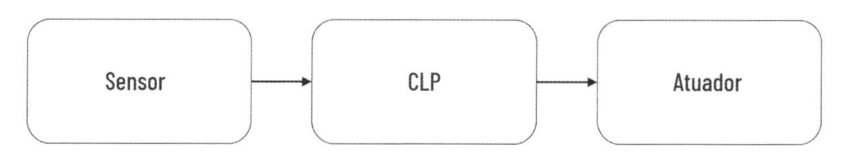

Sensor → CLP → Atuador

Figura 5. Arquitetura para a categoria B - FONTE: OS AUTORES

CATEGORIA 1

Para a categoria 1 aplicam-se os mesmos requisitos da categoria B. Além disso, o SRP/CS deve ser projetado e construído usando componentes e princípios de segurança largamente utilizados e testados (*"well-tried"*). Um componente *well-tried* foi amplamente utilizado com resultados bem-sucedidos em aplicações semelhantes (no mesmo tipo de indústria e/ou processando os mesmos materiais) ou foi projetado e verificado usando princípios que demonstram sua adequação e confiabilidade para aplicações relacionadas à segurança (essa condição é válida também para os componentes e princípios de segurança recentemente desenvolvidos). Componentes eletrônicos complexos tais como CLPs e microprocessadores não podem ser considerados *well-tried*.

Não há cobertura de diagnóstico nos sistemas dessa categoria e o $MTTF_d$ de cada canal deve ser alto. Além disso, a consideração do CCF não é relevante e o PL máximo atingível é o *c*. Consequentemente, a perda da função de segurança é menos provável do que na categoria B.

A arquitetura para a categoria 1 é a mesma da categoria B, a qual foi apresentada na Figura 5.

CATEGORIA 2

Para a categoria 2 são aplicáveis os mesmos requisitos da categoria B e devem ser seguidos os princípios de segurança *well-tried*. Os SRP/CS devem ser projetados para que suas funções sejam verificadas em intervalos adequados pelo sistema de controle da máquina. Essas verificações podem ser automáticas e devem ser realizadas na partida da máquina, antes do início de qualquer situação perigosa, como, por exemplo, no início de um novo ciclo e/ou periodicamente durante a operação caso a avaliação de riscos ateste que é necessário.

As verificações devem permitir a operação se nenhuma falha foi detectada. Se uma falha for detectada deve ser gerada uma saída que inicie a ação de controle apropriada, iniciando um estado seguro sempre que for possível ou fornecendo um aviso do perigo caso não seja possível iniciar um estado seguro.

A cobertura total de diagnóstico do SRP/CS total deve ser baixa. O $MTTF_d$ de cada canal depende do nível de desempenho necessário (PLr). O PL máximo alcançável com a categoria é o *d*. Em alguns casos, a categoria 2 não é aplicável porque a verificação da função de segurança não pode ser aplicada a todos os componentes.

Na categoria 2, a ocorrência de uma falha pode levar à perda da função de segurança entre verificações, uma vez que a perda da função de segurança é detectada pela verificação. A arquitetura para essa categoria é mostrada na Figura 6.

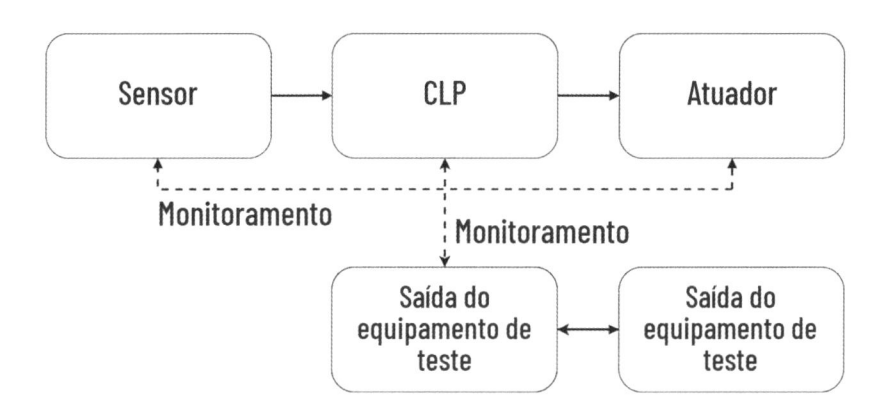

Figura 6. Arquitetura para a categoria 2 - FONTE: OS AUTORES

CATEGORIA 3

Para a categoria 3 também são aplicáveis os mesmos requisitos da categoria B e os princípios de segurança *well-tried* devem ser seguidos. O SRP/CS deve ser projetado para que uma única falha em qualquer uma dessas partes não leve à perda da função de segurança. Sempre que for possível, a falha única deve ser detectada antes ou na próxima vez que a função de segurança for demandada.

A cobertura de diagnóstico deve ser baixa e o $MTTF_d$ de cada um dos canais redundantes depende do PLr. O requisito da detecção de falha única não significa que todas as falhas serão detectadas e por esse motivo o acúmulo de falhas não detectadas pode levar a uma situação perigosa na máquina.

A arquitetura para essa categoria é mostrada na Figura 7.

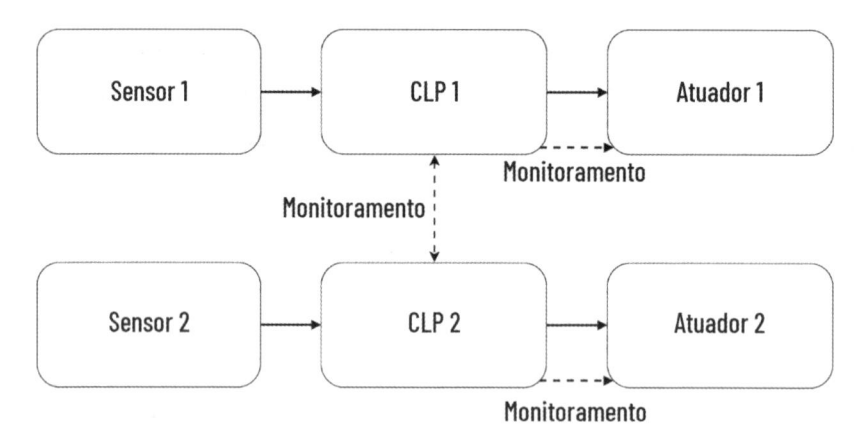

Figura 7. Arquitetura para a categoria 3 - FONTE: OS AUTORES

CATEGORIA 4

Nesse caso também são aplicáveis os mesmos requisitos da categoria B e os princípios de segurança *well-tried* devem ser seguidos. O SRP/CS da categoria 4 deve ser projetado de modo que uma única falha em qualquer uma das partes relacionadas à segurança não leve à perda da função de segurança, sendo que a falha única deve ser detectada durante ou antes da próxima demanda das funções de segurança. Se essa detecção não for possível, um acúmulo de falhas não detectadas não deve levar à perda da função de segurança.

A cobertura de diagnóstico total deve ser alta, incluindo o acúmulo de falhas. A diferença entre as categorias 3 e 4 é um DC mais alto na categoria 4 e um $MTTF_d$ alto obrigatório para cada canal. A arquitetura para a categoria 4 é a mesma da categoria 3, mostrada na Figura 7.

2.4.7 Determinação da função de segurança

De que forma a norma nos ajuda a decidir qual é a função de segurança? É importante perceber que a funcionalidade necessária só pode ser determinada considerando as características da aplicação real. Isso pode ser considerado como o estágio de projeto do conceito de segurança (*safety concept*). A norma não conhece todas as características de uma aplicação específica, assim como um fabricante de máquinas não conhece as condições exatas sob as quais ela será usada.

Dessa forma, a norma fornece uma listagem das funções de segurança comumente usadas e alguns requisitos normalmente associados com o intuito de auxiliar os projetistas.

Conforme foi mencionado, o estágio de projeto do conceito de segurança (*safety concept*) depende do tipo de máquina e das características da aplicação e do ambiente em que é usada. O fabricante da máquina deve antecipar esses fatores para poder projetar o conceito de segurança e as condições de uso previstas devem ser fornecidas no manual do usuário. O usuário precisa, então, verificar se tais condições correspondem à realidade.

O nível de desempenho requerido (PLr) é determinado durante a avaliação de riscos, a qual é parte integrante da apreciação de riscos, que é um processo que permite, de forma sistemática, analisar e avaliar os riscos associados a uma determinada máquina, além de prever os possíveis erros humanos.

A norma fornece um gráfico de risco para determinação do PLr no qual são inseridos os fatores de aplicação da gravidade da lesão, a frequência de exposição e a possibilidade de prevenção, conforme é explicado a seguir.

A apreciação de riscos por sua vez é tratada na seção 2.6.2 Apreciação de riscos, e deve ser realizada antes da aplicação da metodologia que é apresentada na seção a seguir. O Capítulo 3 apresenta diferentes metodologias as quais podem ser empregadas durante a etapa de apreciação de riscos.

Metodologia para avaliação de riscos conforme a norma ABNT NBR ISO 13849-1

A metodologia para avaliação de riscos definida pela ABNT NBR ISO 13849-1, cujo objetivo é determinar o PL requerido (PL_r), está representada pelo gráfico de risco mostrado na Figura 8.

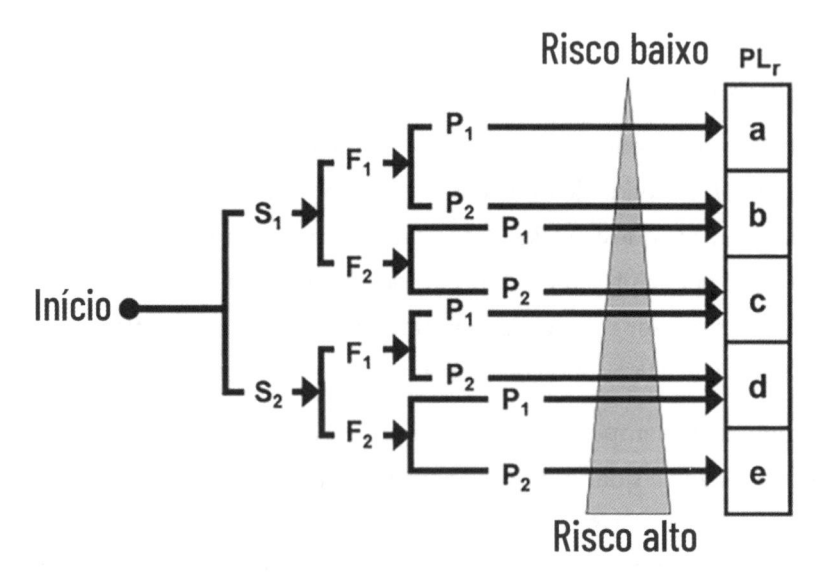

Figura 8. Gráfico de risco conforme a ABNT NBR ISO 13849-1 - FONTE: OS AUTORES

Os parâmetros são descritos a seguir.

- Severidade do ferimento (S):
    - Ferimento leve (normalmente reversível).
    - Ferimento sério (normalmente irreversível), incluindo morte.
- Frequência ou tempo de perigo (F):
    - Raro a relativamente frequente e/ou baixo tempo de exposição.
    - Frequente a contínuo e/ou tempo de exposição longo.
- Possibilidade de evitar o perigo (P):
    - Possível sob condições específicas.
    - Quase nunca é possível.

FUNÇÕES DE SEGURANÇA COMUNS

Na identificação e especificação das funções de segurança devem ser considerados os seguintes aspectos:

- Os resultados da avaliação de riscos para cada perigo específico ou situação perigosa.
- As características de operação da máquina, incluindo seu uso pretendido e o mau uso previsível.
- Os modos de operação.
- O tempo de ciclo e o tempo de resposta.
- A operação de emergência.
- A descrição da interação de diferentes processos de trabalho e atividades manuais, tais como reparo, configuração, limpeza, solução de problemas etc.

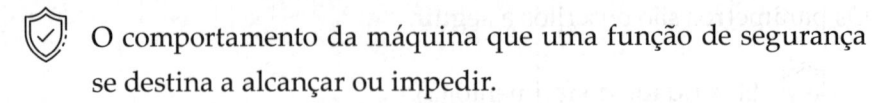

- O comportamento da máquina que uma função de segurança se destina a alcançar ou impedir.
- Os modos de operação nos quais a máquina deve estar ativada ou desativada.
- A frequência de operação.
- A prioridade das funções que podem ser simultaneamente ativadas e que podem causar ação conflitante.

A seguir são descritas algumas funções de segurança listadas na norma ABNT NBR ISO 13849-1. Elas devem ser incluídas pelos projetistas com o objetivo de implementar as medidas de segurança indicadas na etapa de redução de riscos.

FUNÇÃO DE PARADA RELACIONADA À SEGURANÇA

Uma função de parada relacionada à segurança deve colocar a máquina em um estado seguro, sendo que essa parada deve ter prioridade sobre outra parada por razões operacionais. Quando um grupo de máquinas estiver trabalhando em conjunto de maneira coordenada, devem ser tomadas providências para sinalizar a supervisão e/ou as outras máquinas de que existe uma condição de parada.

FUNÇÃO DE *RESET* MANUAL

O *reset* manual é uma função dentro do SRP/CS que tem como objetivo restaurar manualmente uma ou mais funções de segurança antes de reiniciar uma máquina.

Após um comando de parada ter sido iniciado, a condição de parada deve ser mantida até que existam condições seguras para o reinício da máquina. O restabelecimento da função de segurança cancela o comando de parada. Se indicado pela avaliação de risco, esse cancelamento do comando de parada deve ser confirmado por uma ação manual, separada e deliberada (*reset* manual), para o qual devem ser observados os seguintes requisitos:

- O *reset* deve ser fornecido por meio de um dispositivo separado e operado manualmente no SRP/CS e ser alcançado somente se todas as funções e proteções de segurança estiverem operacionais.
- O *reset* não deve iniciar movimento ou uma situação perigosa por si só e deve habilitar o sistema de controle para aceitar um comando de partida separado.
- O comando deve somente ser aceito desengatando o atuador de sua posição energizada (ligada).
- O nível de desempenho das peças relacionadas à segurança que fornecem a função de *reset* manual deve ser selecionado para que a inclusão dessa função não diminua a segurança exigida pela função de segurança mais importante.
- O atuador de *reset* deve estar situado fora da zona de perigo e em uma posição a partir da qual exista boa visibilidade para verificar se nenhuma pessoa está dentro da zona de perigo.

FUNÇÃO DE INÍCIO/ REINÍCIO (*START/ RESTART*)

O início ou reinício automático de uma máquina deve ocorrer apenas se nenhuma situação perigosa existir.

FUNÇÃO DE CONTROLE LOCAL

Quando uma máquina é controlada localmente, como, por exemplo, por meio de um dispositivo de controle portátil, são aplicáveis os seguintes requisitos:

- Os meios para selecionar o controle local devem estar situados fora da zona de perigo.
- Somente deve ser possível iniciar condições perigosas a partir de um controle local em uma zona definida pela avaliação de riscos.
- A mudança entre o controle local e o principal não deve criar uma situação perigosa.

FUNÇÃO DE SILENCIAMENTO (*MUTING*)

O silenciamento (*muting*) é a suspensão temporária das funções de segurança do SRP/CS. Quando ativado, o *muting* não deve resultar na exposição de pessoas expostas a situações perigosas, fazendo com que seja necessário que outros meios forneçam as condições de segurança. Ao final do *muting*, todas as funções de segurança do SRP/CS devem ser restabelecidas e, dependendo da aplicação, pode ser necessário um sinal de indicação de ativação do *muting*.

O nível de desempenho das partes relacionadas à segurança que fornecem a função *muting* devem ser selecionadas de forma que a inclusão dessa função não diminua a segurança exigida pela função de segurança mais importante.

TEMPO DE RESPOSTA

O tempo de resposta do SRP/CS deve ser determinado quando a avaliação de riscos indicar que isso é necessário. O tempo de resposta do sistema de controle faz parte do tempo total de resposta da máquina.

PARÂMETROS RELACIONADOS À SEGURANÇA

Quando parâmetros relacionados à segurança tais como posição, velocidade, temperatura ou pressão assumem valores fora dos limites preestabelecidos o sistema de controle deve iniciar medidas apropriadas, como a atuação de parada e alarmes.

Sempre que a ocorrência de erros durante a entrada manual de dados relacionados à segurança em sistemas eletrônicos programáveis puder levar a uma situação perigosa, um sistema de verificação de dados dentro do sistema de controle relacionado à segurança deve ser fornecido, como, por exemplo, a verificação de limites, formato dos dados etc.

FLUTUAÇÕES, PERDA E RESTABELECIMENTO DE FONTES DE ENERGIA

Quando ocorrerem flutuações nos níveis de energia fora da faixa operacional de projeto, incluindo perda de fornecimento de energia, o SRP/CS deve continuar o fornecimento dos sinais de saída que permitem que outras partes do sistema da máquina mantenham um estado seguro.

2.4.8 O software de acordo com a norma ABNT NBR ISO 13849-1

As falhas de software são causadas pelo modo segundo o qual o software é especificado, desenvolvido, compilado e testado. Portanto, para controlar as falhas, devemos ter um processo para o desenvolvimento de software que deve ser rigidamente seguido sob pena de afetar a confiabilidade da máquina e expor pessoas a condições perigosas. As normas IEC 61508 e ABNT NBR ISO 13849-1 fornecem requisitos e metodologias para isso. Ambas fazem uso do modelo V clássico, o qual é explicado detalhadamente no Capítulo 4.

O software embarcado é responsabilidade dos projetistas de dispositivos tais como CLPs de segurança e a abordagem indicada para esse caso é que o desenvolvimento do mesmo seja feito de acordo com a norma IEC 61508.

No que diz respeito ao software de aplicação, a maioria dos dispositivos de segurança programáveis fornece blocos de funções certificados pelas agências competentes. Ainda assim a aplicação precisa ser validada, ou seja, a maneira como os blocos são vinculados e parametrizados deve ser comprovada como sendo correta e válida para a tarefa pretendida.

Os requisitos listados a seguir têm como objetivo o fornecimento de diretrizes para o desenvolvimento de um software legível, testável e de fácil manutenção.

SOFTWARE EMBARCADO RELACIONADO À SEGURANÇA

O software embarcado relacionado à segurança (SRESW — do inglês *Safety-Related Embedded Software*) ou *firmware* faz parte do sistema fornecido pelo fabricante do controlador e não pode ser modificado pelo usuário da máquina.

O SRESW é escrito em FVL (linguagem de variabilidade total, do inglês *Full Variability Language*, tais como C, C++ e *Assembly*) e quando for destinado aos componentes com PLr *a* até *d* devem ser aplicadas as seguintes medidas, que são detalhadas no Capítulo 4:

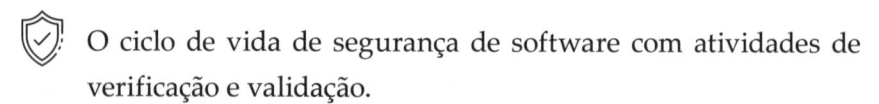

- O ciclo de vida de segurança de software com atividades de verificação e validação.
- Documentação relacionada com a especificação e o desenvolvimento.
- Codificação modular e estruturada.
- Controle de falhas sistemáticas.
- Teste funcional.
- Atividades apropriadas do ciclo de vida de segurança de software após modificações.

No que diz respeito ao SRESW para componentes com PLr *c* ou *d*, as seguintes medidas adicionais devem ser aplicadas (elas também são detalhadas no Capítulo 4):

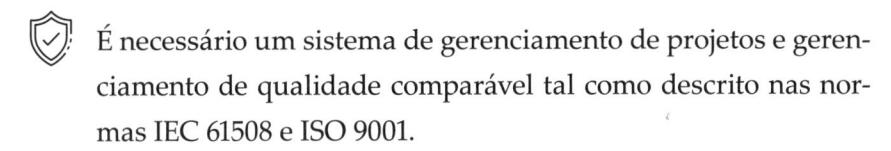

- É necessário um sistema de gerenciamento de projetos e gerenciamento de qualidade comparável tal como descrito nas normas IEC 61508 e ISO 9001.
- Documentação de todas as atividades relevantes durante o ciclo de vida de segurança do software.
- Gerenciamento de configuração para identificar todos os itens e documentos de configuração relacionados à uma versão SRESW).
- Especificação estruturada com requisitos de segurança.
- Uso de linguagens de programação adequadas e ferramentas computacionais confiáveis.
- Programação modular e estruturada com tamanhos limitados de módulos com interfaces totalmente definidas, uso de padrões de codificação.
- Verificação de código com análise de controle de fluxo.
- Teste funcional estendido, com teste de desempenho ou simulação.

O SRESW para componentes com PLr = *e* deve ser apto ao nível de integridade de segurança SIL 3 (ver seção 2.2.8 Nível de integridade de segurança (SIL)).

SOFTWARE DE APLICATIVO RELACIONADO À SEGURANÇA

O software de aplicativo relacionado à segurança (do inglês *Safety-Related Application Software* — SRASW) é implementado pelo fabricante da máquina e geralmente contém sequências lógicas, limites e expressões que controlam as entradas, saídas, cálculos e decisões necessários para atender aos requisitos do SRP/CS. A relação entre SRESW e SRASW é mostrada na Figura 9.

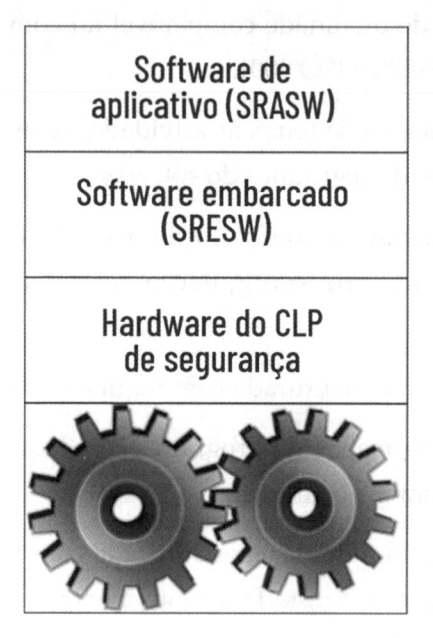

Figura 9. Relação entre SRASW e SRESW - FONTE: OS AUTORES

O SRASW escrito em LVL — Linguagem de Variabilidade Limitada, do inglês *Limited Variability Language*, como, por exemplo, Ladder e FBD (Diagrama de Blocos de Funções, do inglês *Function Blocks Diagram*), a qual é tratada na norma IEC 61131-3 — e em conformidade com os requisitos listados a seguir pode atingir um PL *a* até *e*.

- Ciclo de vida de desenvolvimento com atividades de verificação e validação (as quais são tratadas no Capítulo 4, bem como as demais recomendações listadas aqui).
- Documentação relacionada com a especificação e o desenvolvimento.

Normas

- Programação modular e estruturada.
- Teste funcional.
- Atividades de desenvolvimento apropriadas após modificações.

Em relação ao SRASW para componentes com PLr de *c* até *e* são recomendadas as seguintes medidas adicionais:

- A especificação do software relacionado à segurança deve ser revisada, disponibilizada a todas as pessoas envolvidas no ciclo de vida e deve conter a descrição de funções de segurança com PL necessário e modos de operação associados, critérios de desempenho, arquitetura de hardware com interfaces de sinal externas e detecção e controle de falha externa.

- Seleção de ferramentas, bibliotecas e linguagens. Sempre que for possível devem ser utilizadas bibliotecas com blocos de funções previamente validados e devem ser observadas as seguintes recomendações de acordo com a norma ABNT NBR ISO 13849-1:

  - O projeto de software deve contemplar métodos semiformais para descrever os dados e o controle de fluxo, como diagramas de estado.
  - O tamanho dos blocos de função deve ser limitado e cada função deve conter apenas um ponto de entrada e um ponto de saída.
  - Devem ser utilizadas técnicas para detecção de falhas externas e para programação defensiva dentro dos blocos de entrada, processamento e saída que levam ao estado seguro.

- Nos casos em que o código relacionado à segurança (SRASW) e o não relacionado à segurança (não SRASW) são combinados em um único componente, devem ser observadas as seguintes recomendações conforme a norma ABNT NBR ISO 13849-1:

- SRASW e não SRASW devem ser codificados em diferentes blocos funcionais com links de dados bem definidos.
- Não deve haver combinação lógica de dados relacionados e não relacionados à segurança que possam levar a uma diminuição da integridade dos sinais relacionados à segurança, como, por exemplo, combinando informações de ambos os tipos por um "OU" lógico em que o resultado controla sinais relacionados à segurança.

A codificação deve seguir as boas práticas descritas no Capítulo 4. As técnicas para testes etc. também são descritas no referido capítulo.

PARAMETRIZAÇÃO BASEADA EM SOFTWARE

A parametrização baseada em software deve ser considerada como um aspecto relacionado à segurança do projeto de SRP/CS e como tal deve ser descrita na especificação de requisitos de segurança de software. A parametrização deve ser realizada por meio de uma ferramenta fornecida pelo fabricante do SRP/CS, a qual deve impedir modificações não autorizadas, por exemplo, por meio do uso de uma senha.

A integridade de todos os dados utilizados para parametrização deve ser preservada mediante a aplicação de medidas para controle da faixa de entradas válidas, verificação de integridade de dados e controle dos efeitos de falhas de hardware e software da ferramenta usada para parametrização.

Os demais aspectos relacionados ao software, bem como as recomendações a respeito da documentação técnica do projeto são detalhados no Capítulo 4.

2.5 IEC 62061

A norma IEC 62061:2005+A1:2012+A2:2015 — Segurança de máquinas — Segurança funcional de sistemas de controle relacionados à segurança elétricos, eletrônicos e eletrônicos programáveis, (do inglês *Safety of machinery – Functional safety of safety-related electrical, electronic and programmable electronic control systems*) especifica requisitos e fornece recomendações para o projeto, integração e validação de sistemas de controles elétricos, eletrônicos e eletrônicos programáveis (SRECS). Essa versão consolidada consiste na primeira edição, de 2005, na alteração 1, de 2012 e na alteração 2, de 2015. Essa norma é compatível com a norma IEC 61508.

Nessa norma, presume-se que o projeto de subsistemas ou de elementos de subsistemas eletrônicos programáveis complexos esteja em conformidade com os requisitos relevantes da norma IEC 61508. A norma IEC 62061 fornece uma metodologia para o uso, e não para o desenvolvimento desses subsistemas e elementos do subsistema como parte de um SRECS.

De acordo com a norma, a função de controle relacionada à segurança (SRCF) é a função de controle implementada por um SRECS com um nível de integridade especificado, destinado a manter a condição segura da máquina ou impedir um aumento imediato dos riscos.

Os requisitos da IEC 62061 também podem ser aplicados a controles não elétricos que atendam à norma ABNT NBR ISO 13849-1.

A norma IEC 62061 está relacionada somente com os requisitos funcionais de segurança, destinados a reduzir o risco de ferimentos ou danos à saúde daquelas pessoas que ficam próximas à máquina e das pessoas diretamente envolvidas no uso da máquina. Dessa forma, a norma restringe-se aos riscos decorrentes diretamente dos perigos da própria máquina ou de um conjunto de máquinas que desempenham funções de maneira coordenada.

Os requisitos para mitigar os riscos decorrentes de outros perigos são fornecidos em padrões setoriais relevantes. Por exemplo, quando uma determinada máquina faz parte de uma atividade de um processo, os requisitos funcionais de segurança do sistema de controle elétrico da máquina devem satisfazer outros requisitos tais como os que constam na norma IEC 61511 no que diz respeito à segurança do processo.

A norma IEC 62061 não especifica requisitos para o desempenho de elementos de controle não elétricos para máquinas, como os hidráulicos e pneumáticos, sendo recomendável a aplicação da norma ABNT NBR ISO 13849-1 nesses casos. A norma IEC 62061 também não cobre riscos elétricos decorrentes do próprio equipamento de controle elétrico, como o choque elétrico, por exemplo.

Porém, ainda que os requisitos da IEC 62061 sejam específicos para sistemas de controle elétrico, a estrutura e a metodologia especificadas podem ser aplicáveis às partes relacionadas à segurança dos sistemas de controle que empregam outros tipos de tecnologias.

Existem muitas situações em máquinas nas quais os SRECS são empregados como parte das medidas de segurança que foram fornecidas para obter redução de riscos. Um caso típico é o uso de uma proteção de intertravamento que, quando é aberta para permitir o acesso à zona de perigo, sinaliza ao sistema de controle elétrico para interromper a operação perigosa da máquina. Também na automação, o sistema de controle elétrico usado para garantir a operação correta do processo da máquina em geral contribui para a segurança por meio da mitigação dos riscos associados aos perigos decorrentes diretamente de falhas no sistema de controle.

Essa norma fornece uma metodologia e requisitos para atribuir o nível de integridade de segurança (SIL) exigido para cada função de controle relacionada à segurança a ser implementada pelo SRECS, a fim de possibilitar um projeto do SRECS adequado às funções de controle relacionadas à segurança atribuídas, para integrar subsistemas relacionados à segurança projetados de acordo com a norma ABNT NBR ISO 13849-1 e para validar o SRECS.

As boas práticas de projeto, *checklists* etc. que se aplicam à norma ABNT NBR ISO 13849-1 também são aplicáveis para a IEC 62061. Uma vez que ambas as normas têm essencialmente o mesmo objetivo, muitas vezes os motivos que podem levar à escolha entre uma ou outra não são óbvios. Entre os fatores que podem ser considerados estão a experiência prévia com desenvolvimento de acordo com uma das normas e requisitos de clientes.

2.5.1 Referências normativas

A IEC 62061 contém referências às seguintes normas:

- IEC 60204–1, Segurança de máquinas — Equipamentos elétricos — Parte 1: requisitos gerais, (do inglês *Safety of machinery — Electrical equipment of machines — Part 1: General requirements*).
- IEC 61000-6-2, Compatibilidade eletromagnética (EMC) —Parte 6-2: Padrões genéricos — Imunidade para ambientes industriais, (do inglês *Electromagnetic compatibility (EMC) — Part 6-2: Generic standards — Immunity for industrial environments*).
- IEC 61310, Segurança de máquinas — Indicação, marcação e atuação, (do inglês *Safety of machinery — Indication, marking and actuation*).

- IEC 61508-2, Segurança Funcional de Sistemas Elétricos/Eletrônicos/Programáveis — Parte 2: Requisitos para sistemas relacionados à segurança de elétricos/eletrônicos/programáveis (do inglês *Functional safety of electrical/electronic/programmable electronic safety-related systems — Part 2: Requirements for electrical/electronic/programmable electronic safety related systems*).

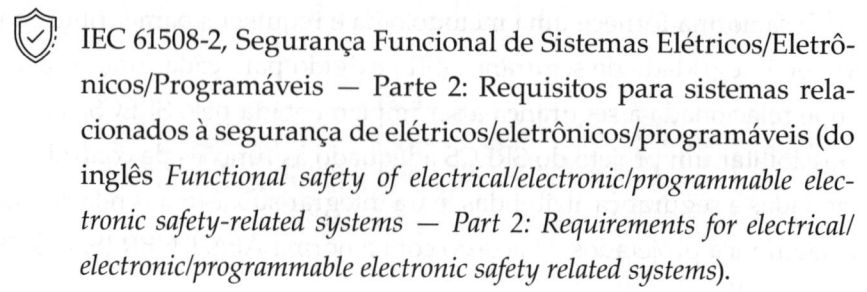

- IEC 61508-3, Segurança Funcional de Sistemas Elétricos/Eletrônicos/Programáveis — Parte 3: Requisitos de software, (do inglês *Functional safety of electrical/electronic/programmable electronic safety-related systems — Part 3: Software requirements*).

- ISO 12100: 2010, Segurança de máquinas — Princípios gerais de projeto — Avaliação e redução de riscos, (do inglês ISO 12100:2010, *Safety of machinery — General principles for design — Risk assessment and risk reduction*).

- ISO 13849-1:2006, Segurança de máquinas, partes relacionadas à segurança de sistemas de controle — Parte 1: princípios gerais de projeto, (do inglês *Safety of machinery — Safety related parts of control systems — Part 1: General principles for design*).

- ISO 13849-2:2012, Segurança de máquinas, partes relacionadas à segurança de sistemas de controle — parte 2: validação, (do inglês *Safety of machinery — Safety-related parts of control systems — Part 2: Validation*).

O Quadro 4 resume o escopo das normas IEC 62061 e ISO 13849-1.

Tecnologia que implementa as funções de controle relacionadas à segurança	ISO 13849-1	IEC 62061
A – Não elétrico (ex.: hidráulico)	Sim	Não
B – Eletromecânico (ex.: relés)	Restrito às arquiteturas designadas (ver Nota 1) e até PL = e	Todas as arquiteturas e até SIL 3
C – Eletrônicos complexos (ex.: programáveis)	Restrito às arquiteturas designadas (ver Nota 1) e até PL = d	Todas as arquiteturas e até SIL 3
D – A combinado com B	Restrito às arquiteturas designadas (ver Nota 1) e até PL = e	Sim. Ver nota 3
E – C combinado com B	Restrito às arquiteturas designadas (ver Nota 1) e até PL = d	Todas as arquiteturas e até SIL 3
F – C combinado com A ou C combinado com A e B	Sim. Ver nota 2	Sim. Ver nota 3

NOTA 1 – As arquiteturas designadas são definidas no Anexo B da ISO 13849-1 a fim de fornecer uma abordagem simplificada para quantificação do nível de desempenho.

NOTA 2 – Para eletrônicos complexos: uso de arquiteturas designadas de acordo com a ISO 13849-1 até PL = d ou qualquer arquitetura de acordo com a IEC 62061.

NOTA 3 – Para tecnologia não elétrica, use peças de acordo com a ISO 13849-1 como subsistemas.

Quadro 4: Aplicações das normas IEC 62061 e ISO 13849-1 -

FONTE: ADAPTADO DA NORMA IEC 62061

2.5.2 Cláusulas e objetivos

Os objetivos específicos de cada uma das cláusulas da norma IEC 62061 são apresentados a seguir:

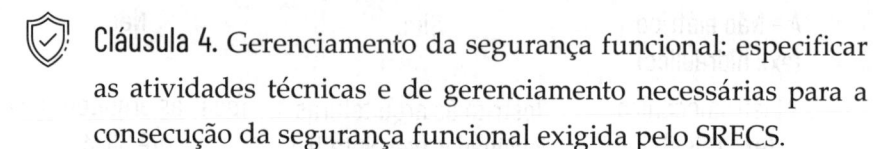

- **Cláusula 4.** Gerenciamento da segurança funcional: especificar as atividades técnicas e de gerenciamento necessárias para a consecução da segurança funcional exigida pelo SRECS.

- **Cláusula 5.** Requisitos para a especificação de funções de controle relacionadas à segurança: definir os procedimentos a fim de especificar os requisitos para as funções de controle relacionadas à segurança. Esses requisitos são expressos em termos de especificação de requisitos funcionais e especificação de requisitos de integridade de segurança.

- **Cláusula 6.** Projeto e integração do sistema de controle elétrico relacionado à segurança: especificar os critérios de seleção e/ou os métodos de projeto e implementação do SRECS para atender aos requisitos funcionais de segurança. Isso inclui: seleção da arquitetura do sistema, seleção do hardware e software relacionados à segurança, design do hardware e do software, verificação de que o hardware e o software projetados atendem aos requisitos funcionais de segurança.

- **Cláusula 7.** Informações para uso da máquina: especificação de requisitos para as informações para uso do SRECS, que devem ser fornecidas à máquina. Isso inclui: fornecimento do manual e procedimentos do usuário, fornecimento do manual e procedimentos de manutenção.

- **Cláusula 8.** Validação do sistema de controle elétrico relacionado à segurança: determinar os requisitos para o processo de validação a ser aplicado ao SRECS. Isso inclui a inspeção e o teste do SRECS para garantir que ele atenda aos requisitos estabelecidos na especificação de requisitos de segurança.

- **Cláusula 9.** Modificação do sistema de controle elétrico baseado em segurança: especificação dos requisitos para o procedimento de modificação que deve ser aplicado ao modificar o SRECS. Isso inclui: modificações em qualquer SRECS são planejadas e verificadas adequadamente antes de fazer a alteração; a especificação de requisitos de segurança do SRECS é atendida após a realização de quaisquer modificações.

2.5.3 Avaliação de riscos conforme a norma IEC 62061

As avaliações na norma IEC 62061 são feitas para cada risco individual e incluem a gravidade potencial das lesões, a frequência e a duração da exposição, a possibilidade de evitar um risco e a probabilidade de ocorrência do risco. O resultado da avaliação é o nível de integridade de segurança (SIL) necessário para cada um dos riscos individuais.

Nas etapas subsequentes da avaliação de riscos, os níveis determinados usando o gráfico de risco são alinhados com as medidas de redução de risco selecionadas. Para cada risco classificado, é necessário aplicar uma ou mais medidas a fim de eliminá-lo ou reduzi-lo o suficiente. O SIL deve corresponder pelo menos ao SIL que foi determinado com base no risco.

A avaliação de riscos resulta em uma estratégia de redução de riscos que, por sua vez, identifica a necessidade de funções de controle relacionadas à segurança as quais devem ser documentadas e devem incluir a especificação de requisitos funcionais e de requisitos de integridade de segurança. Os requisitos funcionais incluem detalhes como frequência de operação, tempo de resposta necessário, modos de operação etc. Os requisitos de integridade de segurança, por sua vez, são expressos em níveis de integridade de segurança (SIL).

Na IEC 62061, o SIL máximo atingível é determinado pela dependência entre a tolerância a falhas de hardware (HFT) e a fração de falha segura (SFF). O SFF é calculado avaliando todos os tipos possíveis de falhas de componentes e estabelecendo se cada uma dessas falhas resulta em uma condição segura ou não. O resultado fornece o SFF do sistema.

Os elementos considerados para a determinação do SIL são descritos na seção 2.2.8 Nível de integridade de segurança (SIL).

O Quadro 5 mostra a correspondência entre o nível de performance (PL) e o nível de integridade de segurança (SIL).

Nível de Performance (PL) ISO 13849-1	Probabilidade de falha perigosa por hora	SIL (IEC 61508 e IEC 62061)
A	$\geq 10^{-5} ... < 10^{-4}$	-
B	$\geq 3 \times 10^{-6} ... < 10^{-5}$	1
C	$\geq 10^{-6} ... 3 \times 10^{-6}$	1
D	$\geq 10^{-7} ... 10^{-6}$	2
E	$\geq 10^{-8} ... < 10^{-7}$	3

Quadro 5: Relação entre PL e SIL - FONTE: OS AUTORES

A análise de riscos de acordo com a norma IEC 62061 leva em consideração os seguintes itens:

- Gravidade da lesão (Se).
- Frequência e duração da posição do perigo (Fr).
- Probabilidade de ocorrer um evento gerador de perigo (Pr).
- Possibilidade evitar ou limitar o dano (Av).

Normas

Para cada um desses itens são atribuídos pontos, conforme consta no Quadro 6: Classificação da gravidade (Se), Quadro 7: Classificação da frequência e duração da exposição (Fr), Quadro 8: Classificação da probabilidade (Pr), Quadro 9: Classificação da possibilidade de evitar ou eliminar um dano (Av) e Quadro 10: Classe da possibilidade de dano.

Efeito	Gravidade
Irreversível: morte, perda da visão ou do braço	4
Irreversível: membros quebrados, perda de um/vários dedo(s)	3
Reversível: necessidade de tratamento médico	2
Reversível: requeridos primeiros socorros	1

Quadro 6: Classificação da gravidade (Se) - FONTE: OS AUTORES

Frequência da exposição	Duração (F) > 10 minutos
<= 1 hora	5
> 1 hora <= 1 dia	5
> 1 dia até <= 2 semanas	4
> 2 semanas até <= 1 ano	3
> 1 ano	2

Obs.: caso a duração seja inferior a 10 minutos o valor pode ser rebaixado para o próximo nível.

Quadro 7: Classificação da frequência e duração da exposição (Fr) - FONTE: OS AUTORES

Probabilidade da ocorrência	Probabilidade (Pr)
Muito alta	5
Provável	4
Possível	3
Rara	2
Desprezível	1

Quadro 8: Classificação da probabilidade (Pr) - FONTE: OS AUTORES

Possibilidade de evitar ou limitar	Evitar e limitar (Av)
Impossível	5
Rara	3
Provável	1

Quadro 9: Classificação da possibilidade de evitar ou eliminar um dano (Av) - FONTE: OS AUTORES

A classe de possibilidade de dano Cl é calculada a partir da fórmula:

$$Cl = Fr + Pr + Av$$

Para cada perigo e, conforme aplicável, para cada nível de gravidade, some os pontos das colunas Fr, Pr e Av e insira a soma na coluna Cl no Quadro 10: Classe da possibilidade de dano.

Número	Risco	Se	Fr	Pr	Av	Cl
1						
2						
3						

Quadro 10: Classe da possibilidade de dano - FONTE: OS AUTORES

Usando o Quadro 11: Classificação SIL, no qual a linha de gravidade (S) cruza a coluna relevante (Cl), o ponto de interseção indica se a ação é necessária. A área cinza indica o SIL atribuído como destino para o SRCF. As áreas sombreadas mais claras devem ser usadas como uma recomendação para que outras medidas (OM) sejam usadas.

Gravidade (S)	Classe (Cl) 3-4	Classe (Cl) 5-7	Classe (Cl) 8-10	Classe (Cl) 11-13	Classe (Cl) 14-15
4	SIL 2	SIL 2	SIL 2	SIL 3	SIL 3
3	-	OM	SIL 1	SIL 2	SIL 3
2	-	-	OM	SIL 1	SIL 2
1	-	-	-	OM	SIL 1

Quadro 11: Classificação SIL - FONTE: OS AUTORES

A partir da estratégia de redução de riscos, qualquer necessidade de funções de segurança será determinada. Quando as funções de segurança são selecionadas para serem implementadas pelo SRECS, os SRCFs associados devem ser especificados.

As especificações de cada SRCF devem incluir a especificação de requisitos funcionais e a especificação de requisitos de integridade de segurança. Elas devem ser documentadas na especificação de requisitos de segurança (SRS). O SRS é tratado na seção 4.4 Definição dos requisitos gerais da máquina e elaboração do documento Especificação de Requisitos de Segurança.

2.5.4 Especificação de requisitos funcionais e especificação de requisitos de integridade de segurança

As informações a seguir devem ser usadas para produzir a especificação de requisitos funcionais e a especificação de requisitos de integridade de segurança de cada SRCF:

> Resultados da avaliação de riscos para a máquina, incluindo todas as funções de segurança consideradas necessárias ao processo de redução de riscos para cada perigo específico.

- Características de operação da máquina, incluindo modos de operação, tempo de ciclo, tempo de resposta, condições ambientais, interação das pessoas com a máquina — reparo, configuração e limpeza.
- Todas as informações relevantes para os SRCFs que possam influenciar o projeto do SRECS, incluindo, por exemplo:
  - Uma descrição do comportamento da máquina que um SRCF se destina a alcançar ou impedir.
  - Todas as interfaces entre os SRCFs e entre SRCFs e qualquer outra função (dentro ou fora da máquina).
  - Funções necessárias de reação a falhas do SRCF.

ESPECIFICAÇÃO DE REQUISITOS FUNCIONAIS PARA SRCFs

A especificação de requisitos funcionais para SRCFs deve descrever detalhes de cada SRCF a ser executado, incluindo, conforme aplicável:

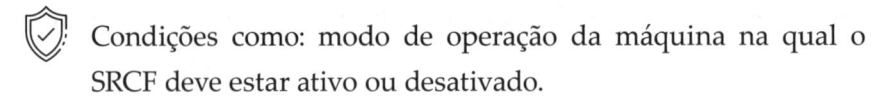

- Condições como: modo de operação da máquina na qual o SRCF deve estar ativo ou desativado.
- A prioridade daquelas funções que podem estar ativas simultaneamente e que podem causar ações conflitantes.
- A frequência de operação de cada SRCF.
- O tempo de resposta necessário para cada SRCF.
- As interfaces dos SRCFs para outras funções da máquina.
- Os tempos de resposta necessários (por exemplo, dispositivos de entrada e saída).
- Uma descrição de cada SRCF.
- Uma descrição das funções de reação à falha e quaisquer restrições, como, por exemplo, o reinício ou operação contínua da

máquina, nos casos em que a reação inicial à falha for parar a máquina.

- Uma descrição do ambiente operacional, como: temperatura, umidade, poeira, substâncias químicas, vibração mecânica e choque.
- Testes e quaisquer instalações associadas.
- Taxa de ciclos de operação, ciclo de serviço e/ou categoria de utilização para dispositivos eletromecânicos destinados ao SRCF.

Os requisitos de integridade de segurança para cada SRCF devem ser derivados da avaliação de risco para garantir que a redução de risco necessária possa ser alcançada.

2.6 NR 12

A NR 12 foi desenvolvida a partir da legislação em vigor na Europa como o objetivo de reduzir a ocorrência de acidentes relacionados à operação e a outras intervenções e máquinas e equipamentos. Quando a atualização dessa norma foi publicada 2010 pelo Ministério do Trabalho, a realização da análise de riscos prevista nas normas técnicas oficiais vigentes passou a ser obrigatória. Essa atualização da norma tem como foco preservar a segurança do trabalhador por meio do emprego de máquinas e equipamentos intrinsecamente seguros e a prova de burla. Em 2019 o texto da norma foi revisado novamente, visando a harmonizar a norma com a legislação nacional e com as normas internacionais e com o objetivo de tornar o texto mais claro, levando em conta as premissas de desburocratização.

A seguir consta o texto da nova norma NR 12, item 12.1.1:

Esta Norma Regulamentadora - NR e seus anexos definem referências técnicas, princípios fundamentais e medidas de proteção para resguardar a saúde e a integridade física dos trabalhadores e estabelece requisitos mínimos para a prevenção de acidentes e doenças do trabalho nas fases de projeto e de utilização de máquinas e equipamentos, e ainda à sua fabricação, importação, comercialização, exposição e cessão a qualquer título, em todas as atividades econômicas, sem prejuízo da observância do disposto nas demais NRs aprovadas pela Portaria MTb n.º 3.214, de 8 de junho de 1978, nas normas técnicas oficiais ou nas normas internacionais aplicáveis e, na ausência ou omissão destas, opcionalmente, nas normas europeias tipo "C" harmonizadas.

No que diz respeito às máquinas para as quais a NR 12 não se aplica, o texto também foi modificado. A seguir consta o texto do item 12.1.4:

Esta NR não se aplica:

a) Às máquinas e equipamentos movidos ou impulsionados por força humana ou animal.

b) Às máquinas e equipamentos expostos em museus, feiras e eventos, para fins históricos ou que sejam considerados como antiguidades e não sejam mais empregados com fins produtivos, desde que sejam adotadas medidas que garantam a preservação da integridade física dos visitantes e expositores.

c) Às máquinas e equipamentos classificados como eletrodomésticos.

d) Aos equipamentos estáticos.

e) Às ferramentas portáteis e às ferramentas transportáveis (semiestacionárias), operadas eletricamente, que atendam aos princípios construtivos estabelecidos em norma técnica tipo C (parte geral e específica) nacional ou, na ausência desta, em norma técnica internacional aplicável.

f) Às máquinas certificadas pelo INMETRO, desde que atendidos todos os requisitos técnicos de construção relacionados à segurança da máquina.

12.1.4.1. Aplicam-se as disposições da NR 12 às máquinas existentes nos equipamentos estáticos.

Dentre as diversas modificações, merecem destaque também o texto dos itens 12.1.11 e 12.1.12, transcritos a seguir:

12.1.11 As máquinas nacionais ou importadas fabricadas de acordo com a NBR ISO 13849, Partes 1 e 2, são consideradas em conformidade com os requisitos de segurança previstos nesta NR, com relação às partes de sistemas de comando relacionadas à segurança.

12.1.12 Os sistemas robóticos que obedeçam às prescrições das normas ABNT ISO 10218- 1, ABNT ISO 10218-2, da ISO/TS 15066 e demais normas técnicas oficiais ou, na ausência ou omissão destas, nas normas internacionais aplicáveis, estão em conformidade com os requisitos de segurança previstos nessa NR.

A Figura 10 mostra as etapas a serem cumpridas para a adequação de máquinas a NR 12. As etapas são descritas nestas seções:

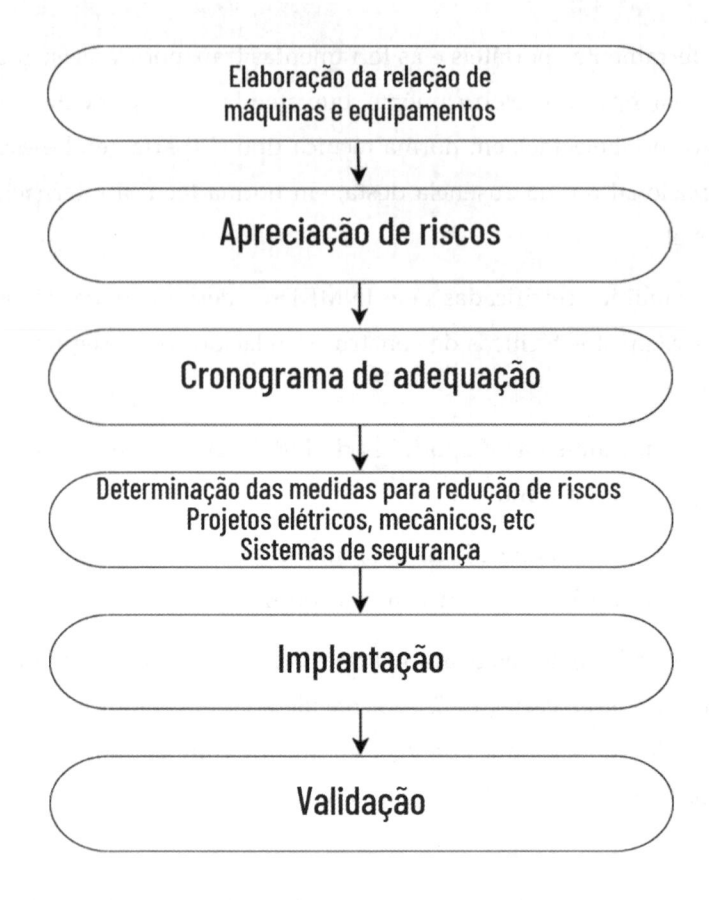

```
┌─────────────────────────────────┐
│   Elaboração da relação de      │
│   máquinas e equipamentos       │
└─────────────────────────────────┘
              ↓
┌─────────────────────────────────┐
│      Apreciação de riscos       │
└─────────────────────────────────┘
              ↓
┌─────────────────────────────────┐
│    Cronograma de adequação      │
└─────────────────────────────────┘
              ↓
┌─────────────────────────────────────┐
│ Determinação das medidas para redução de riscos │
│    Projetos elétricos, mecânicos, etc           │
│         Sistemas de segurança                   │
└─────────────────────────────────────┘
              ↓
┌─────────────────────────────────┐
│         Implantação             │
└─────────────────────────────────┘
              ↓
┌─────────────────────────────────┐
│          Validação              │
└─────────────────────────────────┘
```

Figura 10. Etapas para adequação de máquinas à NR 12 – FONTE: OS AUTORES

2.6.1 Relação de máquinas e equipamentos

Conforme o item 12.18.1 da NR 12, o empregador deve manter à disposição da Auditoria Fiscal do Trabalho uma relação atualizada das máquinas e equipamentos. Dessa forma, não é mais necessário que um profissional qualificado ou legalmente habilitado elabore um documento contendo as características do maquinário (ou seja, o inventário), com a identificação por tipo, capacidade, sistemas de segurança etc. Um exemplo de relação de máquinas e equipamentos é mostrado no Quadro 12: Exemplo de relação de máquinas e equipamentos.

Relação de máquinas e equipamentos
Empresa:
Endereço:
CNPJ:
Inscrição estadual:
CNAE:
Data:
Responsável:
Nome da máquina ou equipamento:
Tipo de máquina ou equipamento / Função:
Fabricante:
Modelo:
Ano de fabricação:
Importador:
Foto:

Quadro 12: Exemplo de relação de máquinas e equipamentos - FONTE: OS AUTORES

> **Dica:** se desejar, inclua mais informações na sua relação de máquinas e equipamentos. A fotografia, por exemplo, não é obrigatória, mas pode ser muito útil, uma vez que os documentos precisam estar disponíveis para diversas pessoas, incluindo a CIPA.

2.6.2 Apreciação de riscos

O risco é relacionado a um determinado perigo e varia em função da gravidade do dano que pode ocorrer e da probabilidade de ocorrência do dano. A apreciação de riscos por sua vez é um processo que permite, de forma sistemática, analisar e avaliar os riscos associados a uma determinada máquina.

A apreciação de riscos deve ser composta pelas seguintes etapas:

a) Determinação dos limites da máquina, considerando seu uso devido, bem como quaisquer formas de mau uso razoavelmente previsíveis.

b) Identificação dos perigos e situações perigosas associadas.

c) Estimativa do risco para cada perigo ou situação perigosa.

d) Avaliação do risco e tomada de decisão quanto à necessidade de redução de riscos.

e) Eliminação do perigo ou redução de risco associado ao perigo por meio de medidas de proteção.

As etapas de a) até d) compõem o processo de apreciação de riscos, enquanto a etapa e) é referente ao processo de redução de riscos. A Figura 11 mostra um esquemático com as etapas da apreciação de riscos.

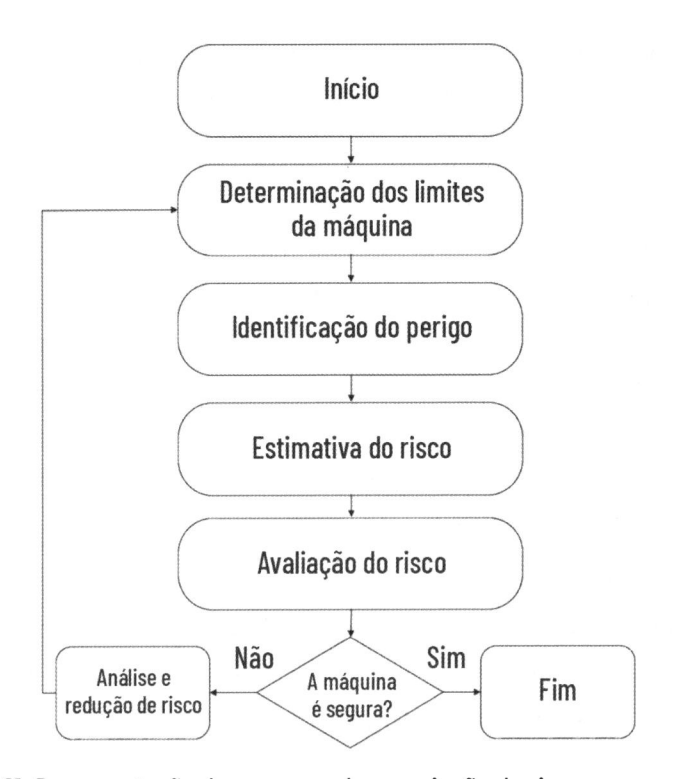

```
                    ┌─────────────┐
                    │    Início   │
                    └──────┬──────┘
                           ▼
            ┌──────────────────────────┐
       ┌───▶│ Determinação dos limites │
       │    │      da máquina          │
       │    └──────────┬───────────────┘
       │               ▼
       │    ┌──────────────────────────┐
       │    │  Identificação do perigo │
       │    └──────────┬───────────────┘
       │               ▼
       │    ┌──────────────────────────┐
       │    │    Estimativa do risco   │
       │    └──────────┬───────────────┘
       │               ▼
       │    ┌──────────────────────────┐
       │    │    Avaliação do risco    │
       │    └──────────┬───────────────┘
       │       Não     ▼    Sim
┌──────┴──────┐    ◇──────◇       ┌───────┐
│  Análise e  │◀───│ A máquina │──▶│  Fim  │
│redução de risco│ │ é segura? │   └───────┘
└─────────────┘    ◇──────◇
```

Figura 11. Representação do processo de apreciação de riscos - FONTE: OS AUTORES

A análise de riscos baseada na norma ABNT NBR 14153:2013 — Segurança de máquinas — Partes de sistemas de comando relacionadas à segurança — Princípios gerais para projeto — visa determinar a categoria dos dispositivos de segurança que são necessários para preservar a integridade física dos profissionais que interagem com máquinas. A ABNT NBR 14153:2013 equivale à norma EN 954-1 — *Safety of machinery* — *Safety related parts of control systems*, a qual foi substituída pela norma internacional ISO 13849-1.

É importante observar que antes da análise de riscos de acordo com a norma ABNT NBR 14153:2013 é aconselhável realizar uma análise com o emprego de uma das metodologias apresentadas no Capítulo 2. Essa análise fornecerá uma visão geral sobre os riscos presentes na máquina ou equipamento, além de prever os possíveis erros humanos. De posse das consequências mais graves e de suas causas, a equipe responsável pode definir as medidas para redução ou eliminação de riscos.

Sempre que for necessária, a redução de riscos deve ser realizada em seguida. A etapa de redução de riscos inclui a implementação de medidas de proteção durante o projeto da máquina (para máquinas novas) ou ainda, pelo usuário da máquina ou por empresas especializadas na adequação de máquinas e equipamentos à NR 12 (para máquinas antigas). A redução de riscos deve levar em consideração a segurança da máquina durante todas as fases do seu ciclo de vida, a capacidade da máquina de executar suas funções e os custos de fabricação, operação e desmontagem da máquina.

Caso seja necessário reduzir ou eliminar riscos, o próximo passo consiste na determinação da categoria do sistema de comando, que é parte integrante da análise de riscos de acordo com a norma ABNT NBR 14153:2013, cujos conceitos são explicados a seguir.

CATEGORIA

A categoria é a classificação das partes de um sistema de comando relacionado à segurança de acordo com sua resistência a defeitos e seu subsequente comportamento na condição de defeito. Essa resistência a defeitos é alcançada pela combinação e interligação das partes e/ou por sua confiabilidade. O desempenho de uma parte de um sistema de comando relacionado à segurança no que diz respeito à ocorrência de defeitos é dividido em cinco categorias (B, 1, 2, 3 e 4) segundo a norma ABNT NBR 14153.

As categorias podem ser aplicadas para comandos destinados a máquinas de todos os portes e complexidades e para equipamentos de proteção tais como cortinas de luz e *scanners*. A Figura 12 mostra a metodologia para determinação da categoria de segurança requerida conforme a ABNT NBR 14153:2013.

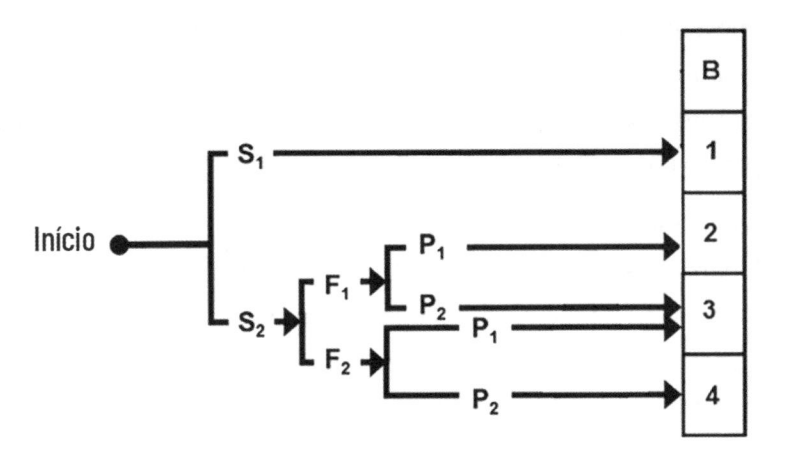

Figura 12. Metodologia para determinação da categoria de segurança requerida conforme a ABNT NBR 14153 - FONTE: OS AUTORES

Os parâmetros considerados nessa metodologia são estes:

🛡️ Gravidade da lesão (S):

- ✤ Ferimento leve (normalmente reversível).
- ✤ Ferimento sério (normalmente irreversível), incluindo morte.

🛡️ Frequência ou tempo de perigo (F):

- ✤ Raro a relativamente frequente e/ou baixo tempo de exposição.
- ✤ Frequente a contínuo e/ou tempo de exposição longo.

🛡️ Possibilidade de evitar o perigo (P):

- ✤ Possível sob condições específicas.
- ✤ Quase nunca é possível.

A seguir são detalhadas as categorias de segurança B, 1, 2, 3 e 4. Conforme a norma NR 12 essas categorias não são aplicáveis para dispositivos totalmente mecânicos, nos quais o monitoramento não é possível. É importante ressaltar que existe relação entre a categoria e o nível de desempenho (*Performance Level* — PL) da norma ABNT NBR ISO 13849-1.

A nota técnica de número 48 – 2016 esclarece que, para o alcance do PL requerido, não é suficiente a arquitetura do sistema (designada pelas categorias), mas também é necessário trabalhar a confiabilidade dos dados para as partes constituintes do sistema (expressa no tempo médio para falha perigosa — $MTTF_d$), a cobertura de diagnóstico (DC), a qual representa o monitoramento de falhas no sistema), a proteção contra falhas de causa comum, a proteção contra falhas sistemáticas e requisitos específicos de software (quando necessário). O Quadro 13 mostra a relação entre as categorias e o PL. Outras informações podem ser encontradas na seção 2.4 ABNT NBR ISO 13849-1.

Categoria		B	1	2	2	3	3	4
DC		Nenhum	Nenhum	Baixo	Médio	Baixo	Médio	Alto
$MTTF_d$ em cada canal	Baixo	PL_a	-	PL_a	PL_b	PL_b	PL_c	-
	Médio	PL_b	-	PL_b	PL_c	PL_c	PL_d	-
	Alto	-	PL_c	PL_c	PL_d	PL_d	PL_d	PL_e

Quadro 13: Relação entre PL e categoria - FONTE: OS AUTORES

Categoria B: principalmente caracterizada pela seleção de componentes. A ocorrência de um defeito pode levar à perda da função de segurança. A categoria B fornece requisitos básicos os quais também são necessários para todas as outras categorias (1, 2, 3 e 4). Os requisitos para a categoria B significam que os componentes são adequados para o uso pretendido com re-

Normas

lação a projeto, construção, seleção, montagem, condições ambientais tais como temperatura e poeira e estresse operacional.

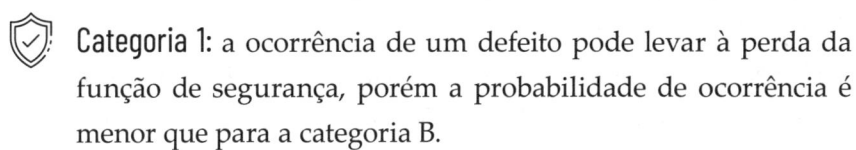

- **Categoria 1:** a ocorrência de um defeito pode levar à perda da função de segurança, porém a probabilidade de ocorrência é menor que para a categoria B.

- **Categoria 2:** a função de segurança é verificada em intervalos pelo sistema. A verificação das funções de segurança deve ser efetuada na partida da máquina e periodicamente durante a operação, se a avaliação de risco apontar que isso é necessário. A ocorrência de um defeito pode levar à perda da função de segurança entre as verificações, sendo que essa condição é detectada pela verificação.

- **Categoria 3:** nessa categoria, quando ocorrer o defeito isolado, a função de segurança deve sempre ser executada. Porém pode ocorrer que somente alguns defeitos sejam detectados e o acúmulo de defeitos não detectados é capaz de levar à perda da função de segurança.

- **Categoria 4:** nessa categoria as partes dos sistemas de comando relacionadas à segurança devem ser projetadas de forma que uma falha isolada em qualquer uma dessas partes relacionadas à segurança não leve à perda das funções de segurança. Além disso, caso uma falha isolada não seja detectada antes ou durante a próxima atuação sobre a função de segurança, o acúmulo de defeitos não deve levar à perda das funções de segurança.

HRN

A metodologia de estimativa de risco HRN (Número de risco, do inglês *Hazard Rating Number*) fornece uma ampla gama de gradações de risco e é adequada para a priorização de ações. Para quantificar os riscos, essa metodologia considera a severidade do dano, a frequência de exposição do operador ao perigo, a probabilidade de ocorrência do dano em função da exposição e o número de pessoas expostas ao perigo. Essa metodologia baseia-se nos passos lógicos para a apreciação de riscos apresentados nas normas técnicas NBR ISO 12100:2013 — Segurança de máquinas — Princípios gerais de projeto — Apreciação e redução de riscos e a ISO 14121-1:2007 — *Safety of machinery* — *Risk assessment* — *Part 1: Principles*. O Quadro 14: Número de pessoas envolvidas, o Quadro 15: Frequência de exposição e o Quadro 16: Grau máximo de lesão apresentam os parâmetros utilizados no cálculo do HRN.

Número de pessoas envolvidas (NP)	
1	1-2 pessoas
2	3-7 pessoas
4	8-15 pessoas
8	16-20 pessoas
12	Mais de 20 pessoas

Quadro 14: Número de pessoas envolvidas - FONTE: OS AUTORES

Frequência de exposição (FE)	
0,5	Anualmente
1	Mensalmente
1,5	Semanalmente
2,5	Diariamente
4	Por hora
5	Constantemente

Quadro 15: Frequência de exposição - FONTE: OS AUTORES

Grau máximo de lesão (GPL)	
0,1	Arranhão, pequeno hematoma, escoriações
0,5	Dilaceração, corte, enfermidade leve
1	Fratura leve de ossos, dedos
2	Fratura grave de ossos, mão, braço, perna
4	Perda de um ou dois dedos das mãos/pés
8	Amputação de mão/perna, perda parcial da visão ou audição
10	Amputação das duas mãos/pernas, perda parcial da visão ou audição
12	Enfermidade permanente ou crítica
15	Morte

Quadro 16: Grau máximo de lesão - FONTE: OS AUTORES

O Número de Risco (NR) é dado pela fórmula:

$$NR = GPL \times FE \times PO \times NP$$

O Quadro 17 apresenta as ações recomendadas conforme o grau de risco.

Grau de risco	Classificação	Ação recomendada
0-1	Aceitável	Risco é aceitável
2-5	Muito baixo	Até 1 ano
6-15	Baixo	Até 3 meses
16-50	Significativo	Até 1 mês
51-100	Alto	Até 1 semana
101-500	Muito alto	Até 1 dia
Maior do que 500	Extremo	Imediato

Quadro 17: Ações recomendadas conforme o grau de risco - FONTE: OS AUTORES

> **Dica:** a etapa de apreciação de riscos deve ser seguida pela elaboração do cronograma de adequação, o qual deve ser elaborado com base no grau de risco. Posteriormente deve-se proceder a etapa de redução de riscos, sempre que houver necessidade.

2.6.3 Determinação das medidas para redução de riscos

Quando riscos baixos são identificados devem ser adotados os Equipamentos de Proteção Individual (EPIs) adequados e devem ser realizados treinamentos com os trabalhadores. Caso o risco seja alto devem ser instalados sistemas de segurança.

A etapa de redução de riscos inclui a escolha dos sistemas de segurança que devem ser instalados com o objetivo de prevenir acidentes durante a interação de trabalhadores com máquinas e equipamentos. Os sistemas de segurança podem ser de três tipos — proteções fixas, proteções móveis e medidas administrativas.

A definição dos sistemas de segurança a serem utilizados é resultado de uma análise técnica que avalia as características das máquinas e equipamentos instalados, o ambiente onde estão instalados, o tipo de processo, os tipos de materiais utilizados, o sistema de manutenção requerida e o ciclo de trabalho.

Os elementos que compõem os sistemas de segurança são descritos a seguir.

Proteções: podem ser fixas ou móveis. As **proteções fixas** são elementos projetados para limitar o acesso à zona de perigo por meio de barreira física mantida permanentemente em sua posição, e por dispositivos mecânicos que somente podem ser removidos com o uso de ferramentas, tais como os gradis e as proteções de acrílico. As proteções fixas devem ser usadas quando a fonte de perigo estiver localizada em uma parte da máquina ou equipamento onde não é necessário o acesso de pessoas e é necessário que a proteção seja capaz de conter projéteis. Podem ser usadas janelas desde que o material utilizado seja compatível com o ambiente operacional, uma vez que a presença de determinados fluídos pode contribuir para a degradação precoce dos materiais. As **proteções móveis** por sua vez são elementos que podem ser abertos sem o uso de ferramentas específicas, tais como portas e tampas que são fixadas por dispositivos mecânicos na estrutura da máquina ou próximo a ela. Devem possuir dispositivo de intertravamento com bloqueio quando sua abertura possibilitar o acesso à zona de perigo antes da eliminação do risco. Os dispositivos de intertravamento deverão ser monitorados por relé de segurança e ou CLP de segurança. As Figuras 13 e 14 mostram proteções fixas e a Figura 15 mostra uma proteção móvel.

Figura 13. Proteções fixas - FONTE: OS AUTORES

Figura 14. Proteções fixas - FONTE: OS AUTORES

Figura 15. Proteção móvel - FONTE: OS AUTORES

- **Sensores magnéticos:** são destinados às aplicações em que se deseja monitorar grades, portas etc. Para garantir a segurança, os sensores magnéticos trabalham em conjunto com seu respectivo atuador codificado, interligado a um relé de segurança.

- **Relé de segurança:** Os relés de segurança executam funções de segurança definidas, como, por exemplo, eles podem parar um movimento de forma segura, monitorar a posição das proteções móveis e interromper um movimento de fechamento durante o acesso. Relés de segurança são usados para reduzir o risco. Quando ocorrer uma falha, ou uma zona de detecção for violada, ele iniciará uma resposta segura. A tecnologia de relé clássica é baseada em contato com avaliação eletrônica e saídas sem tensão baseadas em contato e, para dispositivos totalmente eletrônicos, com saídas semicondutoras.

- **Controlador lógico programável de segurança:** essencialmente, um controlador de segurança consiste em dois controladores que processam a aplicação em paralelo, usando a mesma imagem de processo de entrada e saída e sincronizando-se continuamente. Os CLPs de segurança têm como função verificar de modo redundante os sinais elétricos de comando de uma máquina, inibindo seu funcionamento no eventual aparecimento de falhas. Um CLP de segurança é projetado para não falhar, e caso isso seja inevitável ele deve assumir um estado seguro preestabelecido. Esses objetivos são alcançados por meio do emprego de microprocessadores redundantes e do autodiagnóstico para verificar condições anormais de funcionamento. As saídas e entradas são continuamente monitoradas e, se uma falha for detectada, o CLP realiza o desligamento seguro. A certificação de conformidade com as normas IEC 61508, ISO 13849-1 e outras é realizada por agências especializadas mediante auditorias no projeto e rigorosos testes com o objetivo de aferir a segurança de um CLP.

- **Dispositivos de intertravamento:** são sistemas elétricos ou eletrônicos que detectam uma condição anormal do processo e respondem com uma ação de prevenção. Em muitos casos essa ação de prevenção consiste no não funcionamento da máquina sem que todos os itens de segurança estejam acionados e operantes, ou ainda na interrupção de seu funcionamento (ou parte dele) se algo não estiver bem.

Comando bimanual: este dispositivo exige a utilização simultânea das duas mãos do operador para o acionamento da máquina, garantindo assim que suas mãos não estarão na área de risco. Para que a máquina funcione, é necessário pressionar os dois botões simultaneamente, com defasagem de tempo de até 0,5s. Os comandos bimanuais devem ser ergonômicos e robustos, e possuir autoteste, sendo monitorados por CLP ou relé de segurança. A interrupção de um dos comandos bimanuais resultará em sua parada instantânea. A burla do efeito de proteção do dispositivo de comando bimanual deve ser dificultada por meio de distanciamento e barreiras entre os botões. Um exemplo de sistema de intertravamento são as chaves de segurança com bloqueio intertravadas instaladas em algumas máquinas. Elas têm a função de atuar quando ocorrer uma anormalidade no funcionamento do equipamento, como, por exemplo, a abertura de uma das portas que dão acesso às partes móveis e perigosas, quando elas entram em emergência automaticamente.

Cortina de luz: consiste em um transmissor, um receptor e um sistema de controle. O campo de atuação dos sensores é formado por múltiplos transmissores e receptores de fachos individuais. Para cada conjunto de transmissores e receptores ativados, caso o receptor não receba o feixe luminoso de infravermelho do transmissor, é gerado um sinal de falha. A altura da cortina não deve permitir o acesso à área de risco e seus dois canais de saída são ligados ao CLP de segurança. A mesma deve ser posicionada a uma distância segura da zona de risco, levando em conta a velocidade de aproximação da mão ou outra parte do corpo, o tempo total de parada da máquina, o tempo de resposta da própria cortina de luz e a sua capacidade de detecção, como, por exemplo, 14mm para detecção de dedos. A Figura 16 mostra um exemplo de aplicação de cortina de luz em uma prensa.

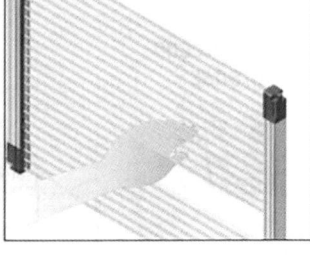

Figura 16. Exemplo de uso de uma cortina de luz - FONTE: OS AUTORES

Tapetes de segurança: são usados para proteger uma área de piso ao redor de uma máquina ou equipamento. O tapete de segurança é colocado na área a ser monitorada, e uma pressão sobre o tapete causará o envio de sinal de parada de emergência da máquina ou equipamento. Os tapetes sensíveis à pressão são frequentemente usados dentro de uma área fechada contendo diversas máquinas, como na produção flexível ou células robóticas. Quando o acesso for requisitado dentro da célula (para ajustes do robô, por exemplo), ele prevenirá movimentação perigosa no caso de o operador se encontrar na área perigosa.

⚜️ **Válvulas e bloco de segurança:** são componentes conectados à máquina ou equipamento que devem ser monitorados constantemente e têm como objetivo permitir ou bloquear a passagem de fluído hidráulico ou ar comprimido, por exemplo, de modo que as funções da máquina sejam iniciadas ou interrompidas.

A Figura 17 mostra um exemplo de aplicação de dispositivos para segurança de máquinas. Nessa figura são mostrados dispositivos tais como cortinas de luz, comando bimanual e relés de segurança, entre outros.

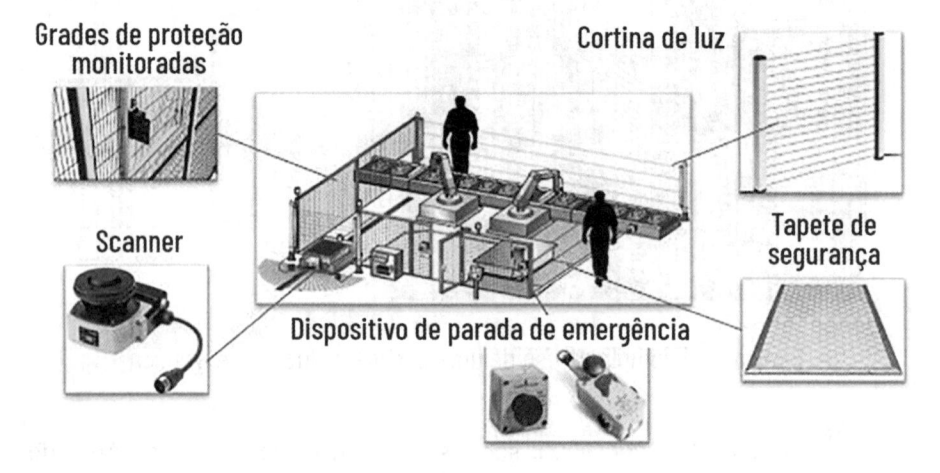

Figura 17. Exemplo de aplicação para segurança de máquinas - FONTE: OS AUTORES

Após determinar as medidas a serem implementadas visando a redução de riscos, devem ser elaborados os projetos elétricos, mecânicos, de software etc. que deverão ser executados e validados em seguida.

> **Dica:** a *Linha Safety* da Weg foi desenvolvida especialmente para atender às normas de segurança nacionais e internacionais, incluindo a NR12. A Figura a seguir mostra um exemplo de aplicação dos equipamentos dessa linha. Maiores informações podem ser encontradas no site: https://www.weg.net/catalog/weg/BR/pt/Seguran%C3%A7a-de-M%C3%A1quinas-e-Sensores-Industriais/c/BR_WDC_SFY.
>
> Veja um exemplo de aplicação de dispositivos de segurança no link:
>
> Fonte: https://static.weg.net/medias/downloadcenter/h3d/h6e/WEG-portfolio-linha-safety-50049992-catalogo-portugues-br.pdf

2.7 ABNT NBR ISO 12100:2013 – SEGURANÇA DE MÁQUINAS – PRINCÍPIOS GERAIS DE PROJETO – APRECIAÇÃO E REDUÇÃO DE RISCOS

A norma ABNT NBR ISO 12100:2013 — Segurança de máquinas — Princípios gerais de projeto — Apreciação e redução de riscos especifica os princípios e uma metodologia para obtenção da segurança em projetos de máquinas e equipamentos de acordo com a norma NR 12.

De acordo com a norma ABNT NBR ISO 12100:2013, apreciação de risco é o processo completo composto pela análise de riscos e a avaliação de riscos.

A ABNT NBR ISO 12100 conta com uma terminologia que serve de referência para harmonização de diversas normas relevantes para segurança de máquinas equipamentos e robótica no Brasil. A seguir estão alguns exemplos de termos usados na norma:

- **Estimativa de risco:** é a definição da provável gravidade de um dano e a probabilidade de sua ocorrência.

- **Análise de risco:** é a combinação da especificação dos limites da máquina, identificação de perigos e estimativa de riscos.
- **Avaliação de risco:** é o julgamento com base na análise de risco, do quanto os objetivos de redução de risco foram atingidos.
- **Apreciação do risco:** é o processo completo que compreende a análise de risco e a avaliação de risco.

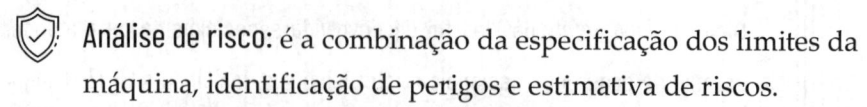

2.7.1 Estratégia para apreciação e redução de riscos

Para executar a apreciação de riscos e consequentemente a redução deles, o projetista deve levar em consideração as seguintes etapas:

a) Determinação dos limites da máquina, considerando seu uso devido, bem como quaisquer formas de mau uso razoavelmente previsíveis.

b) Identificação dos perigos e situações perigosas associadas.

c) Estimativa do risco para cada perigo ou situação perigosa.

d) Avaliação do risco e tomada de decisão quanto à necessidade de redução de riscos.

e) Eliminação do perigo ou redução de risco associado ao perigo por meio de medidas de proteção.

As etapas de a) até d) compõem o processo de apreciação de riscos e a etapa e) compõe o processo de redução de riscos.

A apreciação de riscos é um processo composto por uma série de etapas que permitem, de forma sistemática, analisar e avaliar os riscos associados à máquina. A apreciação de riscos deve ser seguida, sempre que necessário, pela redução de riscos. A iteração desse processo pode ser necessária para eliminar o máximo de perigos possíveis assim como para reduzir adequadamente os riscos por meio da implementação de medidas de proteção.

Assume-se que, quando presente em uma máquina, um perigo irá em algum momento ocasionar um dano se as medidas de proteção ou outras medidas não forem implementadas. São exemplos de perigos:

- A aproximação de um elemento móvel a uma parte fixa, que pode ocasionar esmagamentos.
- O corte de peças, que pode ocasionar mutilações.
- Os arcos elétricos, que podem ocasionar queimaduras.
- Objetos ou materiais com alta ou baixa temperatura, que podem causar queimaduras, congelamentos ou desconforto.
- Equipamentos que vibram e podem causar desconforto e traumas na coluna.
- Ruídos pneumáticos, que podem causar estresse, zumbido e problemas mais graves relacionados com a audição.
- Radiações, que podem ocasionar queimaduras e/ou ter efeitos cancerígenos.
- Poeiras e gases, que podem ocasionar doenças respiratórias.
- Posturas inadequadas, que podem ocasionar fadiga e/ou distúrbios musculoesqueléticos.
- Descargas atmosféricas, que podem causar queimaduras.
- Os perigos podem ser combinados e as consequências podem ser agravadas.

2.7.2 Medidas de proteção

As medidas de proteção recomendadas pela norma ABNT NBR ISO 12110 são a combinação de medidas implementadas pelo projetista e pelo usuário. As medidas que podem ser incorporadas durante o projeto da máquina são preferíveis em relação às implementadas pelo usuário e em geral comprovam maior efetividade.

O objetivo a ser atingido é a melhor redução de risco possível, levando-se em consideração os fatores mencionados a seguir:

- A segurança da máquina durante todas as fases do seu ciclo de vida.
- A capacidade da máquina de executar suas funções.
- A operacionalidade da máquina.
- Os custos de fabricação, operação e desmontagem da máquina.

De acordo com a norma, a aplicação ideal desses princípios requer conhecimento do uso da máquina, o histórico de acidentes, registros de doenças ocupacionais, técnicas de redução de riscos disponíveis e a legislação vigente em que o uso da máquina se enquadra.

Ainda conforme a norma, o projeto da máquina, mesmo que aceitável em certo momento, pode não ser mais justificado na medida em que o desenvolvimento tecnológico possa permitir um projeto equivalente que ofereça menor risco.

2.7.3 Apreciação de riscos

A apreciação de riscos compreende as seguintes etapas:

- Análise de risco, que por sua vez compreende:

a) Determinação dos limites da máquina.

b) Identificação dos perigos.

c) Estimativa dos riscos.

- Avaliação de riscos.

A análise de risco provê as informações necessárias para a avaliação de riscos, que permite que sejam realizados os julgamentos quanto à necessidade ou não de redução deles.

Para a construção de uma apreciação de riscos é necessário ter a descrição da máquina, que consiste nos seguintes dados:

- Especificações de uso.
- Especificações antecipadas da máquina, incluindo a descrição das diversas fases de todo o ciclo de vida da máquina, os desenhos estruturais ou outros meios que estabeleçam a natureza da máquina e as fontes de energia necessárias e como são supridas.
- Documentos de projetos anteriores de máquinas similares, se relevantes.
- Informações para o uso da máquina, quando disponíveis.

DETERMINAÇÃO DOS LIMITES DA MÁQUINA

Os limites de uso incluem o uso devido da máquina bem como as formas de mau uso razoavelmente previsíveis.

Limites de espaço

- Cursos de movimento.
- Espaços destinados a pessoas que interagem com a máquina durante a operação e a manutenção.
- Interação humana tal como a interface homem-máquina.
- Conexão da máquina com as fontes de suprimento de energia.

Limites de tempo

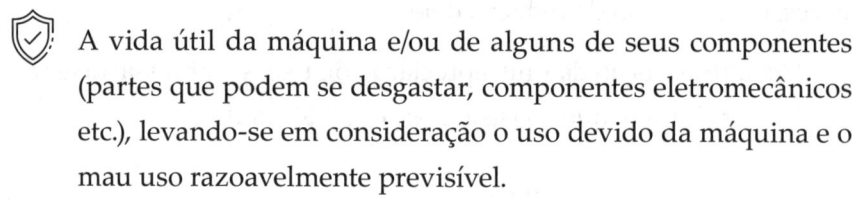

- A vida útil da máquina e/ou de alguns de seus componentes (partes que podem se desgastar, componentes eletromecânicos etc.), levando-se em consideração o uso devido da máquina e o mau uso razoavelmente previsível.
- Intervalos de serviço recomendados.

Outros limites

- Propriedades dos materiais a serem processados.
- Limpeza e organização.
- As condições máximas e mínimas de temperatura recomendadas.
- Possibilidade de operação da máquina em ambientes externos ou internos.
- Condições climáticas.
- Tolerância à poeira e líquidos.

Normas

As informações devem ser atualizadas na medida em que o projeto é desenvolvido ou quando modificações na máquina são requeridas.

IDENTIFICAÇÃO DOS PERIGOS

O próximo passo em uma apreciação de riscos é identificar os perigos razoavelmente previsíveis, incluindo os permanentes e aqueles que podem surgir inesperadamente, assim como as situações perigosas envolvendo a interação humana que podem ocorrer durante todo o ciclo de vida da máquina, ou seja:

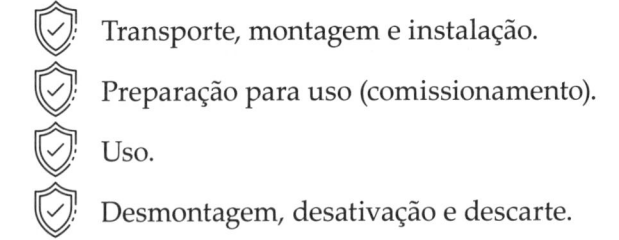

- Transporte, montagem e instalação.
- Preparação para uso (comissionamento).
- Uso.
- Desmontagem, desativação e descarte.

Durante todo o desenvolvimento do projeto devem ser identificados os perigos considerando-se:

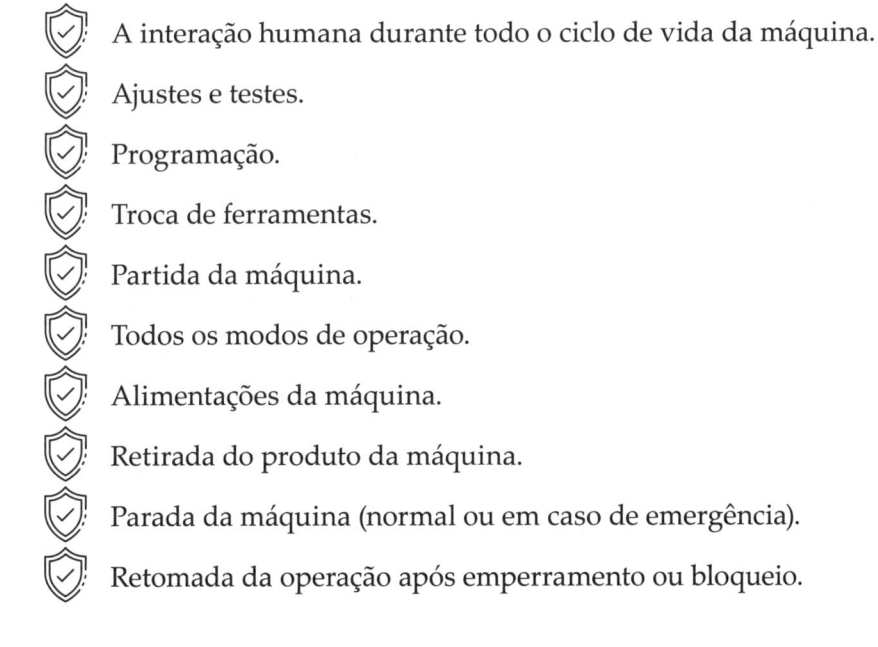

- A interação humana durante todo o ciclo de vida da máquina.
- Ajustes e testes.
- Programação.
- Troca de ferramentas.
- Partida da máquina.
- Todos os modos de operação.
- Alimentações da máquina.
- Retirada do produto da máquina.
- Parada da máquina (normal ou em caso de emergência).
- Retomada da operação após emperramento ou bloqueio.

- Nova partida após parada inesperada.
- Detecção de defeitos e resolução de problemas (intervenção do operador).
- Limpeza e organização.
- Manutenção preventiva e corretiva.

ESTIMATIVA DE RISCOS

A estimativa de riscos é a etapa posterior à identificação dos perigos.

O risco é relacionado ao perigo considerado e é função da:

- Gravidade do dano, que será o resultado do perigo considerado.
- Probabilidade de ocorrência do dano, que por sua vez considera a exposição de pessoas a perigos, a ocorrência de eventos perigosos e a possibilidade de evitar ou limitar o dano.

AVALIAÇÃO DE RISCO

Após a estimativa do risco ter sido concluída, a avaliação dos riscos deve ser realizada para determinar se é necessária a redução do risco. Se a redução do risco for necessária, então medidas de proteção adequadas devem ser selecionadas e implementadas.

O objetivo de redução de risco pode ser alcançado pela eliminação dos perigos, seja individualmente ou simultaneamente, reduzindo cada um dos dois elementos que determinam o risco a eles associado:

- A gravidade dos danos causados pelo perigo em questão.
- A probabilidade de ocorrência desse dano.

2.8 ABNT NBR 14153 – SEGURANÇA DE MÁQUINAS – PARTES DE SISTEMAS DE COMANDO RELACIONADOS À SEGURANÇA – PRINCÍPIOS GERAIS PARA O PROJETO

A norma ABNT 14153 especifica os requisitos de segurança e estabelece um guia sobre os princípios para o projeto de partes de sistemas de comando relacionados à segurança. A norma também especifica categorias e descreve as características das funções de segurança, incluindo sistemas programáveis para todos os tipos de máquinas e dispositivos de proteção relacionados. Porém a norma não é clara sobre quais as funções de segurança e categorias que devem ser aplicadas em um caso particular.

Essa norma é aplicável a todas as partes de sistemas de comando relacionadas à segurança, independentemente do tipo de energia aplicado e abrange aplicações de máquinas para uso profissional ou não. A norma pode ainda ser aplicada às partes de sistemas de comando relacionadas à segurança utilizadas em outras aplicações técnicas.

2.8.1 Termos e definições

A seguir são apresentados alguns termos e definições:

- **Parte do sistema de comando relacionada à segurança:** parte ou subparte do sistema de comando que responde a sinais de entrada do equipamento sob comando e gera sinais de saída relacionados à segurança. As partes combinadas de um sistema de comando relacionadas à segurança começam no ponto em que os sinais relacionados à segurança são gerados e terminam na saída dos elementos de controle de potência. Isso também inclui sistemas de monitoração.

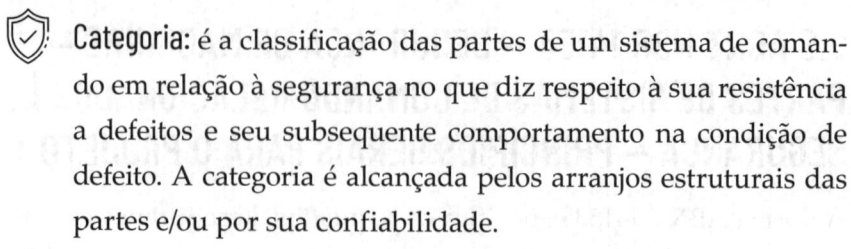

- **Categoria:** é a classificação das partes de um sistema de comando em relação à segurança no que diz respeito à sua resistência a defeitos e seu subsequente comportamento na condição de defeito. A categoria é alcançada pelos arranjos estruturais das partes e/ou por sua confiabilidade.

- **Segurança de sistemas de comando:** é a habilidade de desenvolver suas funções para um dado período, de acordo com sua categoria especificada, baseada em seu comportamento no caso de defeito(s).

- **Defeito:** estado de um item caracterizado pela impossibilidade de desenvolver a função requerida, excluindo a impossibilidade durante manutenções preventivas ou outras ações planejadas ou, ainda, devido à perda de recursos externos. Um defeito é frequentemente o resultado de uma falha do próprio item, porém pode existir sem falha prévia.

- **Falha:** término da habilidade de um item em desenvolver uma função requerida. Após a falha, o item tem um defeito. A falha é um evento e o defeito é um estado, embora na prática esses dois termos sejam frequentemente usados como sinônimos. Esse conceito, como definido, não se aplica a itens constituídos apenas por software.

- **Função segurança de sinais de comando:** é a função iniciada por um sinal de entrada e processada pelas partes do sistema de comando relacionadas à segurança para permitir à máquina (como um sistema) alcançar um estado seguro.

- **Pausa:** é a suspensão temporária automática das funções de segurança por partes do sistema de comando em relação à segurança.

Rearme manual: é a função por meio da qual as partes de um sistema de comando relacionadas à segurança recuperam manualmente suas funções de segurança antes do reinício da operação da máquina.

2.8.2 Características das funções de segurança

A seguir são apresentadas as características das funções de segurança:

Função parada: uma função de parada iniciada por um dispositivo de proteção deve, após sua atuação, colocar a máquina em condição segura tão rápido quanto necessário.

Função parada de emergência: quando um grupo de máquinas trabalha de forma coordenada, as partes relacionadas à segurança devem ter meios de sinalizar uma função de parada de emergência a todas as partes do sistema coordenado.

Rearme manual: após o início de um comando de parada por um dispositivo de proteção, a condição de parada deve ser mantida até a atuação manual do dispositivo de rearme e até que uma condição segura de operação exista.

Partida e reinício: o reinício do movimento deve ocorrer automaticamente, apenas se uma situação de perigo não puder existir. Esses requisitos de partida e reinício de movimento também devem se aplicar a máquinas que podem ser controladas remotamente.

Tempo de resposta: o projetista ou o fabricante deve declarar o tempo de resposta sempre que a apreciação do risco referente à parte do sistema de comando relacionada à segurança indicar que isso é necessário.

- **Parâmetros relacionados à segurança:** quando os parâmetros relacionados à segurança — como posição, velocidade, temperatura etc. — desviam dos limites preestabelecidos, o sistema de comando deve iniciar medidas apropriadas, como: atuação da função parada, sinal de alarme etc.
- **Função de comando local:** os meios para seleção do comando local devem estar situados fora da zona de perigo.
- **Pausa:** a pausa não deve resultar na exposição de qualquer pessoa a uma situação de perigo. Durante uma pausa, as condições seguras devem ser garantidas por outros meios. Ao final da pausa, todas as funções de segurança das partes relacionadas à segurança do sistema de comando devem ser restabelecidas.

2.8.3 Categorias de segurança

As partes relacionadas à segurança de sistemas de comando devem estar de acordo com os requisitos de uma ou mais das cinco categorias apresentadas a seguir.

CATEGORIA B

As partes de sistemas de comando relacionadas à segurança no mínimo devem ser projetadas, construídas, selecionadas, montadas e combinadas de acordo com as normas relevantes e fazendo uso dos princípios básicos de segurança para a aplicação específica, de tal forma que resistam a:

- Fadiga operacional prevista.
- Influência do material processado ou utilizado no processo.

- Outras influências externas relevantes, como, por exemplo, vibrações mecânicas, distúrbios ou interrupção do fornecimento de energia.

CATEGORIA 1

Na categoria 1, devem ser aplicados os requisitos da categoria B e os desta subseção. As partes de sistemas de comando relacionadas à segurança de categoria 1 devem ser projetadas e construídas utilizando-se componentes bem ensaiados e princípios de segurança comprovados.

Um componente bem ensaiado para uma aplicação relacionada à segurança é aquele que tem sido:

- Largamente empregado no passado, com resultados satisfatórios em aplicações similares.
- Construído e verificado a partir de princípios que demonstrem sua adequação e confiabilidade para aplicações relacionadas à segurança.
- Em alguns componentes bem ensaiados, certos defeitos podem também ser excluídos, em razão de ser conhecida a incidência de defeitos e esta ser muito baixa.
- A decisão de se aceitar um componente particular como bem ensaiado depende da aplicação.

CATEGORIA 2

Na categoria 2, devem ser aplicados os requisitos da categoria B, o uso de princípios de segurança comprovados e os requisitos desta subseção.

As partes de sistemas de comando relacionadas à segurança devem ser projetadas de tal forma que sejam verificadas em intervalos adequados pelo sistema de comando da máquina. A verificação das funções de segurança deve ser efetuada:

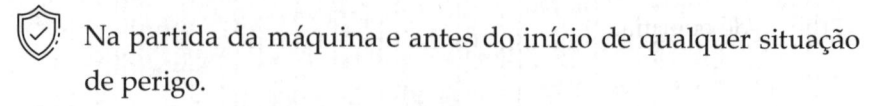

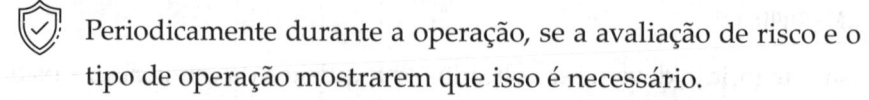

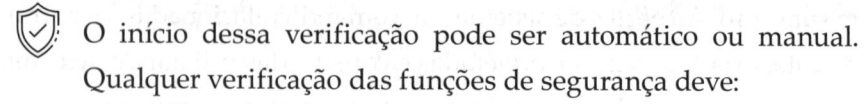

- Na partida da máquina e antes do início de qualquer situação de perigo.
- Periodicamente durante a operação, se a avaliação de risco e o tipo de operação mostrarem que isso é necessário.
- O início dessa verificação pode ser automático ou manual. Qualquer verificação das funções de segurança deve:
- Permitir a operação se nenhum defeito foi constatado.
- Gerar um sinal de saída que inicia uma ação apropriada do comando se um defeito for constatado. Sempre que possível, esse sinal deve comandar um estado seguro. Quando não for possível comandar um estado seguro, a saída deve gerar um aviso do perigo.

A verificação por si só não deve levar a uma situação de perigo. O equipamento de verificação pode ser parte integrante ou não das partes relacionadas à segurança que processam a função de segurança.

CATEGORIA 3

Nessa categoria, devem ser aplicados os requisitos da categoria B, o uso de princípios comprovados de segurança e os requisitos desta subseção.

As partes relacionadas à segurança de sistemas de comando de categoria 3 devem ser projetadas de tal forma que um defeito isolado em qualquer dessas partes não leve à perda das funções de segurança. Defeitos de modos comuns devem ser considerados quando a probabilidade da ocorrência de tal defeito for significativa.

Sempre que for razoavelmente praticável, o defeito isolado deve ser detectado durante ou antes da próxima solicitação da função de segurança. Esse requisito não garante que todos os defeitos serão detectados. Consequentemente, o acúmulo de defeitos não detectados pode levar a um sinal de saída indesejado e a uma situação de perigo na máquina. Exemplos típicos de medidas utilizadas para a detecção de defeitos são os movimentos conectados de relés de contato ou a monitoração de saídas elétricas redundantes.

O comportamento de sistema de categoria 3 permite que:

- A função de segurança sempre seja cumprida quando o defeito isolado ocorrer.
- Alguns, mas não todos os defeitos, possam ser detectados.
- O acúmulo de defeitos não detectados possa levar à perda da função de segurança.

CATEGORIA 4

Na categoria 4, devem ser aplicados os requisitos da categoria B, o uso de princípios comprovados de segurança e os requisitos desta subseção. As partes de sistemas de comando relacionadas à segurança devem ser projetadas de tal forma que:

- Uma falha isolada em qualquer dessas partes relacionadas à segurança não leve à perda das funções de segurança.
- A falha isolada seja detectada antes ou durante a próxima atuação sobre a função de segurança. Se essa detecção não for possível, o acúmulo de defeitos não deve levar à perda das funções de segurança.

Se a detecção de certos defeitos não for possível ao menos durante a verificação seguinte à ocorrência do defeito (como, por exemplo, por razões tecnológicas), a ocorrência de defeitos posteriores deve ser admitida. Nessa situação, o acúmulo de defeitos não deve levar à perda das funções de segurança.

A revisão de defeitos pode ser suspensa quando a probabilidade de ocorrência de defeitos posteriores for considerada como sendo suficientemente baixa. Nesse caso, o número de defeitos em combinação que precisam ser levados em consideração dependerá da tecnologia, estrutura e aplicação, mas deve ser suficiente para atingir o critério de detecção.

Na prática, o número de defeitos que precisam ser considerados varia consideravelmente. Por exemplo, no caso de circuitos complexos de microprocessadores, muitos defeitos podem existir, porém, em um circuito eletro-hidráulico, pode ser suficiente a consideração de três (ou mesmo dois) defeitos. Essa revisão de defeitos pode ser limitada a dois defeitos em combinação quando:

- A taxa de defeitos de componentes for baixa.
- Os defeitos em combinação são bastante independentes uns dos outros.
- A interrupção da função de segurança ocorre somente quando os defeitos aparecem em certa ordem.

Se defeitos posteriores ocorrerem como resultado do primeiro defeito isolado, o primeiro defeito e todos os consequentes devem ser considerados como defeitos isolados. Os defeitos de modo comum devem ser levados em consideração.

No caso de estruturas de circuitos complexos (como, por exemplo, microprocessadores), a revisão de defeitos é geralmente executada em nível estrutural, isso é, baseada em grupos de montagem.

O comportamento de sistema de categoria 4 permite que:

- Quando os defeitos ocorrerem, a função de segurança seja sempre processada.
- Os defeitos serão detectados a tempo de impedir a perda da função de segurança.

GUIA PARA SELEÇÃO DE CATEGORIAS DE SEGURANÇA

A metodologia para determinar a categoria de segurança descrita no Anexo B da norma ABNT NBR NM 14153 é mostrada na Figura 18.

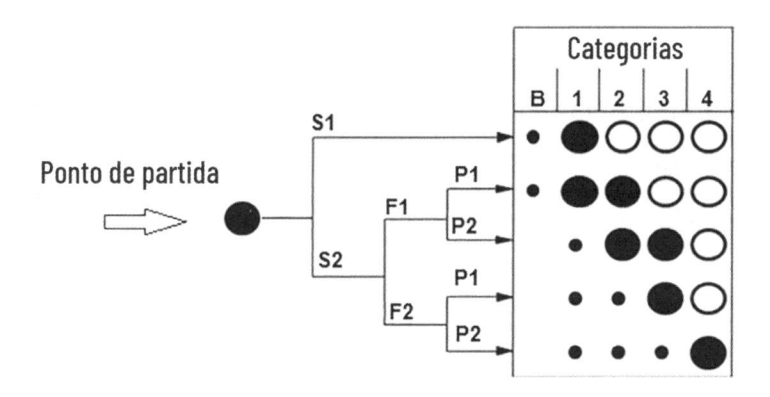

Legenda:
- ● Categoria preferencial recomendada
- ○ Medidas que podem ser superdimensionadas para o risco relevante
- • Categoria que requer medidas adicionais, pois o sistema não está seguro

Figura 18. Metodologia para determinar a categoria de acordo com a norma ABNT NBR NM 14153 – FONTE: ADAPTADO DA NORMA ABNT NBR NM 14153.

2.9 ABNT ISO/TR 14121-2 — SEGURANÇA DE MÁQUINAS — APRECIAÇÃO DE RISCO — 2ª PARTE: GUIA PRÁTICO E EXEMPLOS DE MÉTODOS

Os objetivos principais da apreciação de risco são identificar os perigos, estimar e avaliar os riscos para que eles possam ser reduzidos. Posteriormente, medidas deverão ser tomadas para que a mitigação do risco em questão ocorra. Após essa etapa, a aplicação da metodologia deve ser realizada para que seja possível verificar se o risco foi realmente mitigado.

A Norma ABNT ISO/TR 14121-2 apresenta metodologias para estimativa de riscos e faz referências à norma ABNT NBR ISO 12100:2013, que é descrita na seção 2.7 ABNT NBR ISO 12100:2013 — SEGURANÇA DE MÁQUINAS — PRINCÍPIOS GERAIS DE PROJETO — APRECIAÇÃO E REDUÇÃO DE RISCOS.

A seguir será feita uma breve descrição dessas metodologias.

2.9.1 Identificação do perigo

A norma ABNT ISO/TR 14121-2 apresenta metodologias para identificação dos perigos e deve ser aplicada em todas as fases da vida útil do equipamento ou máquina. A abordagem "de cima para baixo" leva em consideração as consequências possíveis, já a abordagem "de baixo para cima" leva em consideração as falhas e os erros humanos. Essas metodologias são ilustradas na Figura 19. A norma apresenta também uma metodologia para identificação de perigo que envolve a aplicação de formulários.

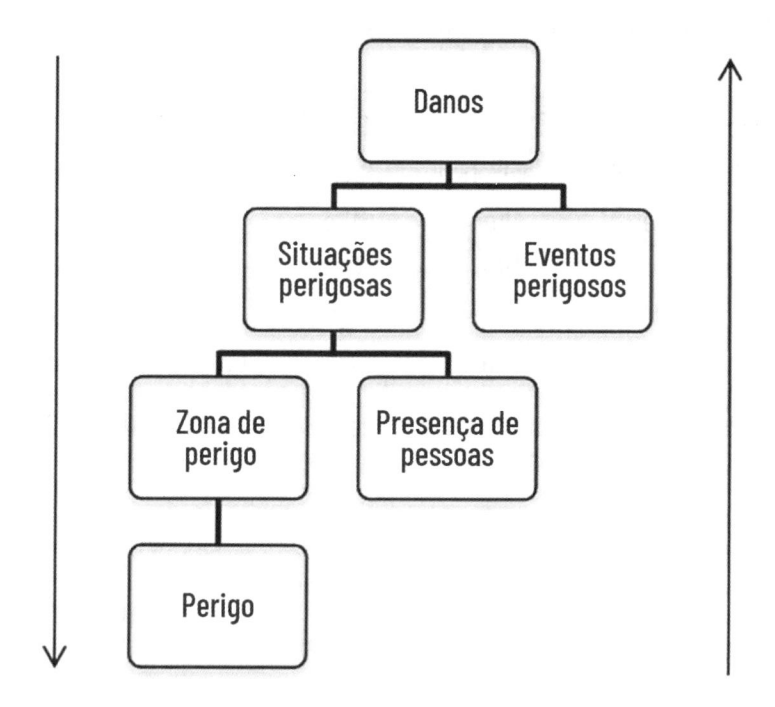

Figura 19. Metodologias para identificar os perigos de acordo com a norma ABNT ISO/TR 14121-2 – FONTE: ADAPTADO DA NORMA ABNT ISO/TR 14121-2.

2.9.2 Estimativa de riscos

Os dois principais elementos de risco são a gravidade do dano e a probabilidade de ocorrência. A norma ABNT ISO/TR 14121-2 apresenta diversas ferramentas que podem ser usadas para estimar os riscos.

MATRIZ DE RISCO

A matriz de risco é uma tabela multidimensional que permite a combinação de qualquer categoria de gravidade do dano com qualquer categoria de probabilidade de ocorrência desse dano. A utilização de uma matriz de risco é simples. Para cada situação perigosa que tenha sido identificada, uma categoria para cada parâmetro é selecionada a partir das definições dadas. A matriz de risco é mostrada no Quadro 18.

Probabilidade de ocorrência do dano	Gravidade do dano			
	Catastrófica	Grave	Moderada	Baixa
Muito provável	Alto	Alto	Alto	Médio
Provável	Alto	Alto	Médio	Baixo
Improvável	Médio	Médio	Baixo	Desprezível
Remota	Baixo	Baixo	Desprezível	Desprezível

Quadro 18: Matriz de riscos de acordo com a norma ABNT ISO/TR 14121-2.
FONTE: ADAPTADO DA NORMA ABNT ISO/TR 14121-2.

Para cada perigo ou situação perigosa (tarefa), a gravidade dos danos ou das consequências deles deve ser estimada.

Os graus de severidade são os seguintes:

- **Catastrófica:** morte ou lesão incapacitante permanente ou doença (nesse caso a pessoa torna-se incapaz de voltar ao trabalho).

- **Grave:** lesão grave debilitante ou doença (a pessoa é capaz de retornar ao trabalho em algum momento).

- **Média:** lesão significativa ou doença que requeira mais do que os primeiros socorros (a pessoa é capaz de retornar ao mesmo posto de trabalho).

- **Pequena:** nenhuma lesão ou ligeira lesão que requer não mais do que os primeiros socorros (nesse caso, pouco ou nenhum tempo de trabalho é perdido).

A estimativa da gravidade geralmente incide sobre o pior dano que pode ocorrer pensando-se de forma realista e não sobre a pior consequência concebível.

Para cada perigo ou situação perigosa (tarefa), também deve ser estimada a probabilidade de ocorrência de danos. A estimativa da probabilidade de ocorrência de danos pode conter:

- A frequência e a duração da exposição a um perigo.
- O número de pessoas expostas.
- O pessoal que executa as tarefas.
- O histórico da máquina/tarefa.
- O ambiente de trabalho.
- A confiança das funções de segurança.
- A possibilidade de burlar ou contornar as medidas de redução/proteção contra riscos.
- A capacidade de manter as medidas de redução/proteção contra riscos.
- A capacidade de evitar danos.

De forma semelhante ao que acontece com a gravidade, há muitas escalas utilizadas para estimar a probabilidade da ocorrência de danos.

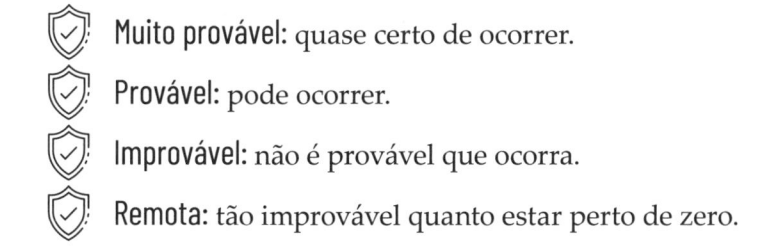

- **Muito provável:** quase certo de ocorrer.
- **Provável:** pode ocorrer.
- **Improvável:** não é provável que ocorra.
- **Remota:** tão improvável quanto estar perto de zero.

A probabilidade deve ser relacionada com uma base de intervalo de algum tipo, como: uma unidade de tempo ou atividade, as unidades produzidas ou o ciclo de vida de uma instalação, equipamento etc. A unidade de tempo pode ser o tempo de vida pretendido da máquina.

GRÁFICO DE RISCO

Um gráfico de risco é baseado em uma árvore de decisão. Cada nó do gráfico representa um parâmetro de risco (a gravidade, a exposição, a probabilidade de ocorrência de um evento perigoso e a possibilidade de evitá-lo) e cada ramo a partir de um nó representa uma classe de medida, como, por exemplo, ligeira gravidade.

Para cada situação de risco uma classe deve ser alocada para cada parâmetro. O caminho no gráfico de risco é, então, seguido a partir do ponto de partida. Em cada junção, o caminho prossegue no ramo apropriado de acordo com a classe selecionada. O resultado é uma estimativa de risco qualificada com termos tais como "alto", "médio", "baixo" e/ou um número, como por exemplo de 1 a 6.

Os gráficos de risco são úteis para ilustrar a quantidade de redução de risco que é proporcionada por uma medida de redução do risco e qual parâmetro de risco tem influência. A Figura 20 mostra um gráfico de risco.

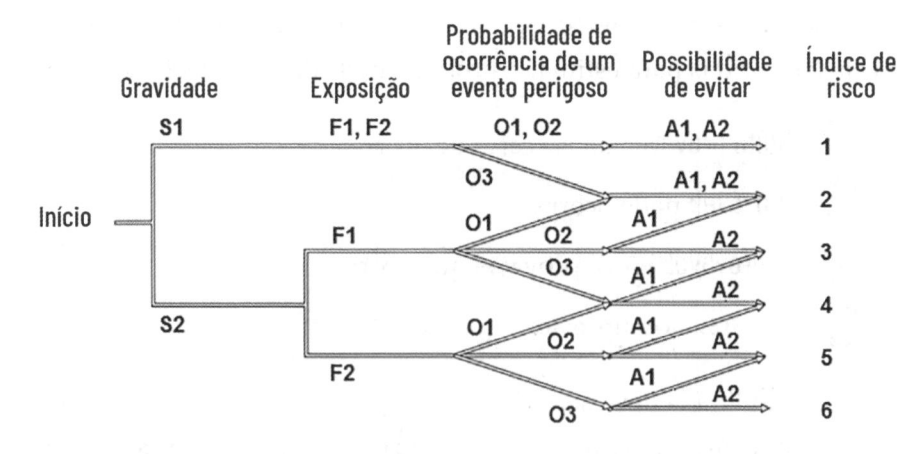

Figura 20. Gráfico de risco de acordo com a norma ABNT ISO/TR 14121-2

FONTE: ADAPTADO DA NORMA ABNT ISO/TR 14121-2.

Gravidade dos danos: S

- **S1:** ferimento leve (normalmente reversível, como um arranhão, uma laceração etc.). O trabalhador não permanece incapaz de executar a mesma tarefa por mais de dois dias.
- **S2:** ferimento grave (normalmente irreversível, incluindo morte, fraturas, membros amputados ou esmagados etc.). O trabalhador permanece incapaz de executar a mesma tarefa por mais de dois dias.

Frequência e/ou duração da exposição ao perigo: F

- **F1:** raro a relativamente frequente e/ou curta duração da exposição (duas vezes ou menos por turno de trabalho ou menos de 15 minutos de exposição acumulada por turno de trabalho).
- **F2:** frequente a contínua e/ou longa duração da exposição (mais do que duas vezes por turno de trabalho ou mais de 15 minutos acumulados de exposição por turno de trabalho).

Probabilidade de ocorrência de um evento perigoso: O

- **O1:** baixa (tão remota que é possível assumir que a ocorrência não pode ser experimentada).
- **O2:** média (possível de ocorrer em algum momento).
- **O3:** alta (possível de ocorrer com frequência).

Possibilidade de evitar ou reduzir danos: A

- **A1:** possível sob certas condições.
- **A2:** impossível.

O resultado dessa primeira estimativa do risco é que, para cada situação perigosa, é atribuído um índice de risco:

- Índice de risco de 1 ou 2 corresponde ao menor risco.
- Índice de risco de 3 ou 4 corresponde a um risco médio.
- Índice de risco de 5 ou 6 corresponde ao risco mais elevado.

Depois de uma análise dos possíveis meios para reduzir o risco, ele é estimado novamente para o projeto final utilizando-se o mesmo gráfico de risco.

O Capítulo 3 apresenta as metodologias que podem ser utilizadas na etapa de apreciação dos riscos e o Capítulo 4 aborda as boas práticas que devem ser seguidas durante os projetos de softwares (aplicações) para CLPs de segurança.

Na seção a seguir é apresentada a norma IEC 61131, que trata dos CLPs.

2.10 IEC 61131 – CONTROLADORES PROGRAMÁVEIS

A norma IEC 61131 trata dos controladores programáveis e seus periféricos associados, sendo composta pelas seguintes partes:

- **Parte 1:** estabelece as definições e identifica as principais características relevantes para a seleção e aplicação de controladores programáveis e seus periféricos associados.
- **Parte 2:** especifica os requisitos de equipamento e testes relacionados para controladores programáveis (PLC) e seus periféricos associados.
- **Parte 3:** define, para cada uma das linguagens de programação mais comumente usadas, os principais campos de aplicação, regras sintáticas e semânticas, conjuntos básicos simples,

mas completos de elementos de programação, testes aplicáveis e meios pelos quais os fabricantes podem expandir ou adaptar esses conjuntos básicos às suas próprias implementações de controlador programável.

- **Parte 4:** fornece informações gerais e diretrizes de aplicação do padrão para o usuário final do CLP.
- **Parte 5:** define a comunicação entre controladores programáveis e outros sistemas eletrônicos.
- **Parte 6:** trata da segurança funcional.
- **Parte 7:** define a linguagem de programação para controle Fuzzy.
- **Parte 8:** fornece diretrizes para a aplicação e implementação das linguagens de programação definidas na Parte 3.

2.10.1 Requisitos de CLPs em um sistema relacionado à segurança

De acordo com a norma IEC 61131-4, para que um sistema relacionado à segurança atenda aos requisitos da IEC 61508 e aos padrões do setor associados a ela, é necessário que as seguintes características de um CLP de segurança sejam levadas em consideração:

- Confiabilidade do hardware.
- Cobertura de teste de diagnóstico e intervalo de teste.
- Requisitos de teste/manutenção periódicos.
- Tolerância a falhas de hardware.
- Capacidade SIL.

Essas informações devem ser obtidas com o fabricante do CLP. Observe que a "capacidade SIL" é o SIL mais alto que pode ser reivindicado para uma função de segurança que usa o CLP. Observe também que, para determinar o SIL que pode ser reivindicado para uma função de segurança em uma aplicação particular, é necessário considerar todas características acima para todos os subsistemas que contribuem para a função de segurança.

2.10.2 Integração de PLC em um sistema relacionado à segurança

As atividades realizadas para integrar um CLP a um sistema relacionado à segurança incluem o desenvolvimento de requisitos de segurança do software de aplicação. A programação ou configuração do aplicativo e o teste devem ser realizados e verificados de acordo com os requisitos da norma IEC 61508 ou dos padrões do setor associados.

Será necessário determinar com que frequência é necessário realizar testes de prova para detectar quaisquer falhas perigosas que não são reveladas pelos testes de diagnóstico automáticos. Os testes de prova são particularmente importantes quando CLPs são aplicados em configurações redundantes ou quando há componentes cuja falha pode não ser aparente durante a operação normal.

Se as funções da biblioteca de software de aplicativo desenvolvidas anteriormente forem usadas, sua adequação para atender às especificações de requisitos de segurança de software precisa ser verificada. A adequação pode ser baseada em evidências de operação satisfatória em um aplicativo semelhante que demonstrou ter funcionalidade similar ou ter sido submetida aos mesmos procedimentos de verificação e validação que seriam esperados para um software recém-desenvolvido.

Os programas de aplicação devem ser bem documentados, incluindo pelo menos as seguintes informações:

- Dados da empresa.
- Autor(es).
- Descrição.
- Tratamento dos requisitos funcionais da aplicação.
- Convenções lógicas usadas.
- Funções de biblioteca padrão usadas.
- Entradas e saídas.
- Gerenciamento de configuração, incluindo um histórico de mudanças (ver seção 4.10 Gerenciamento de configuração: como controlar as mudanças no software de aplicação e na documentação de projeto).

Toda integração (incluindo hardware, software, uso de ferramentas e linguagens de programação, interface de entradas e saídas etc.) precisa estar de acordo com as instruções do fabricante do CLP.

Deve-se ter muito cuidado ao combinar CLPs em arquiteturas redundantes para atender aos requisitos de confiabilidade de hardware. Essas arquiteturas podem introduzir a possibilidade de modos de falha sistemáticos associados à sincronização de tempo e votação que podem superar os benefícios a serem obtidos com a redundância.

A integração deve levar em consideração a possibilidade de condições de falha razoavelmente previsíveis, como circuitos abertos nas entradas ou falha da fonte de alimentação, de modo a garantir que tais condições de falha não levem a situações perigosas.

A seção a seguir trata das linguagens usadas para programação da aplicação.

2.10.3 Linguagens para programação da aplicação

Para a programação da aplicação, existe um conjunto de linguagens definidas na norma IEC 61131-3.

LINGUAGENS TEXTUAIS

- **Linguagem da lista de instruções (IL):** é uma linguagem de programação textual que usa instruções para representar o programa aplicativo para um sistema CLP.

- **Linguagem de texto estruturado (ST):** é uma linguagem de programação textual que usa instruções de atribuição, controle de subprograma, seleção e iteração para representar o programa de aplicação para um sistema CLP.

LINGUAGENS GRÁFICAS

- **Linguagem do diagrama de blocos de funções (FBD):** é uma linguagem de programação gráfica que usa diagramas de blocos de funções para representar o programa aplicativo para um sistema CLP.

- **Linguagem do diagrama Ladder (LD):** é uma linguagem de programação gráfica que usa diagramas de escada para representar o programa de aplicação para um sistema CLP.

- **Gráfico de função sequencial (SFC):** é uma notação gráfica e textual para o uso de etapas e transições para representar a estrutura de uma unidade de organização de programa (programa ou bloco de função) para um Sistema CLP. As condições de transição e a ação da etapa podem ser representadas em um subconjunto das linguagens listadas anteriormente.

Exercícios Propostos

1) Explique os tipos de normas A, B e C.

2) De acordo com a norma IEC 61508, o que é uma função de segurança?

3) O que é o SIL da norma IEC 61508? E o PL da norma ABNT NBR ISO 13849-1?

4) Existe relação entre o PL (*Performance Level*) da norma ISO 13849-1 e o SIL (*Safety Integrity Level*) das normas IEC 61508 e IEC 62061?

5) Como devem ser avaliados os riscos de acordo com a norma ABNT NBR ISO 13849-1?

6) Cite exemplos de aspectos que devem ser levados em consideração na identificação e especificação das funções de segurança conforme a norma ABNT NBR ISO 13849-1.

7) Cite um exemplo de função de segurança conforme a norma ABNT NBR ISO 13849-1.

8) Quais são as categorias definidas pela norma ABNT NBR ISO 13849-1? O que são componentes *well-tried*?

9) Conforme a norma ABNT NBR ISO 13849-1, no que consiste o software de aplicativo relacionado à segurança?

10) Verifique a nova norma NR 12 e mencione duas mudanças em relação à versão anterior.

11) Quais são as etapas da apreciação e redução de riscos em máquinas e equipamentos conforme a NR 12?

12) Cite exemplos de perigos de acordo com a norma ABNT NBR ISO 12100.

13) O que são partes de sistema de comando relacionada à segurança e categorias de acordo com a norma ABNT 14153?

14) De acordo com a norma IEC 61131-4, quais características de um CLP de segurança devem ser consideradas para que um sistema de segurança atenda aos requisitos da norma IEC 61508 e a outros requisitos aplicáveis?

AS METODOLOGIAS QUE PODEM SER UTILIZADAS DURANTE A ETAPA DE APRECIAÇÃO DE RISCOS

3

A apreciação de riscos é um processo que permite analisar e avaliar de forma sistemática os riscos associados a uma determinada máquina. Neste capítulo veremos quais são as metodologias comumente empregadas para essa finalidade.

A apreciação de riscos deve ser composta pelas seguintes etapas:

a) Determinação dos limites da máquina, considerando seu uso devido, bem como quaisquer formas de mau uso razoavelmente previsíveis.

b) Identificação dos perigos e situações perigosas associadas.

c) Estimativa do risco para cada perigo ou situação perigosa.

d) Avaliação do risco e tomada de decisão quanto à necessidade de redução de riscos.

A avaliação de riscos tem como objetivo proporcionar conhecimento sobre os riscos, suas consequências e as formas preventivas de atuação. Para que seja possível avaliar os riscos, devem ser utilizadas diferentes técnicas destinadas à análise de risco. Elas podem ser definidas como métodos estruturados que visam a identificação dos riscos, suas causas, as possíveis consequências e as ações mitigadoras tanto preventivas como corretivas relativas a cada risco presente em uma atividade de trabalho.

São exemplos de metodologias a Análise Preliminar de Risco (APR), o Estudo de Perigo e Operabilidade (HAZOP, do inglês *Hazard and Operability Study*) e o *Checklist*. Essas metodologias devem ser aplicadas logo após a conclusão da relação de máquinas e equipamentos, seja isoladamente ou em conjunto. É importante ressaltar que a norma NR 12 — assim como boa parte das demais Normas Regulamentadoras — não sugere ou determina quais metodologias podem ser utilizadas. Dessa forma, a escolha fica a critério de cada empresa.

A APR, o *Checklist* e o HAZOP são descritos nas próximas seções.

3.1 Estudo de Perigo e Operabilidade (HAZOP)

O Estudo de Perigo e Operabilidade (HAZOP, do inglês *Hazard and Operability Study*) tem como objetivo viabilizar, por meio de uma revisão sistemática, a identificação das consequências indesejadas que podem ser ocasionadas pelos desvios em relação aos objetivos de operação e de projeto, bem como a determinação de medidas para minimizar ou eliminar os riscos.

Para a realização do HAZOP, são definidos os nós de estudo — que consistem em pontos ou seções do processo ou equipamento. Para cada nó, são elencados os parâmetros do processo (como, por exemplo, variáveis tais como pressão e temperatura). Para cada parâmetro, são listadas as palavras-guia que quantificam ou qualificam os desvios na operação (*mais, menos, nenhum, também, reverso*). Por fim, são listadas as causas e as consequências dos desvios e as sugestões para mudanças de projeto ou procedimentos.

O HAZOP é uma técnica que deve ser implementada por meio do trabalho em equipe: pessoas que realizam diferentes funções dentro de uma empresa são estimuladas a fazer uso da criatividade com o objetivo de evitar o esquecimento de aspectos relevantes e proporcionar a compreensão dos problemas que podem ocorrer durante o funcionamento de uma máquina, equipamento, processo etc.

O HAZOP é largamente utilizado na indústria química, porém constitui uma metodologia versátil que pode ser aplicada na análise de riscos em máquinas, no setor elétrico, na área da saúde etc.

Para realização do HAZOP devem ser observados os seguintes passos:

1) Divisão do sistema em subsistemas.
2) Escolha dos pontos de um dos subsistemas a ser analisado (nó).

3) Aplicação das "palavras-guia" com o objetivo de verificar quais são os desvios possíveis para aquele nó; as causas de cada um dos desvios devem ser identificadas.

4) Para cada uma das causas deve ser verificado se há meios para detecção delas, bem como as possíveis consequências. Em seguida, deve ser verificado se há formas de eliminar tais causas ou minimizar as consequências.

5) Quando todos os desvios forem listados, o próximo nó pode ser escolhido.

As palavras-guia do HAZOP são descritas no Quadro 19: Palavras-guia do HAZOP.

Palavras-guia	Desvios
Não, nenhum	Negação das intenções de projeto
Menos	Diminuição de propriedade relevante
Mais	Elevação de propriedade relevante
Também	Mais componentes no sistema em relação ao que deveria existir
Reverso	O oposto da intenção de projeto
Outro	Qualquer ocorrência que saia da condição normal de operação

Quadro 19: Palavras-guia do HAZOP - FONTE: OS AUTORES

Um relatório de HAZOP deve ter o formato mostrado no Quadro 20.

Palavra-guia	Desvio	Causas	Consequências	Ações requeridas

Quadro 20: Formato geral para um relatório de HAZOP - FONTE: OS AUTORES

Um exemplo de aplicação do HAZOP para a operação de uma máquina que possui superfícies aquecidas é mostrado no Quadro 21.

Palavra-guia	Desvio	Causas	Consequências	Ações requeridas
Outro	Operador está sem EPI ou sem parte do EPI.	Erro humano.	Queimaduras nas mãos e braços.	O fabricante deve destacar as recomendações de operação e os riscos no manual da máquina e colocar avisos (adesivos) na máquina.

Quadro 21: Exemplo de aplicação do HAZOP - FONTE: OS AUTORES

Quando o estudo for concluído, é necessário verificador os desvios que implicam nas consequências graves, moderadas e leves e a partir dessa classificação é aconselhável definir as ações a serem executadas. Deve-se estabelecer uma ordem cronológica para a realização das ações, bem como definir os profissionais que serão responsáveis por cada uma delas.

Devem ser priorizadas as ações que têm como objetivo eliminar ou reduzir para um nível aceitável as causas que produzem consequências graves. A possibilidade de ocorrência de erros humanos deve ser sempre considerada e as máquinas devem contar com proteções que minimizem as consequências desse tipo de erro.

3.2 Análise Preliminar de Risco (APR)

A Análise Preliminar de Risco é uma técnica que tem como objetivo a investigação dos riscos que os sistemas podem causar. Desse modo, tem-se a oportunidade de modificar o projeto ou a concepção do sistema com o objetivo de eliminar ou reduzir o risco.

A avaliação dos possíveis erros humanos durante a operação e a manutenção de equipamentos também deve ser realizada. Com um sistema já em funcionamento também é possível aplicar essa técnica visando a realização de adequações para eliminar ou reduzir riscos, como, por exemplo, durante a adequação de máquina à norma NR 12. Assim como na técnica HAZOP, a máquina ou equipamento deve ser dividido(a) em subsistemas. Um exemplo de planilha de APR é mostrado no Quadro 22.

Perigo	Risco	Consequências	Atividade				Controles/ recomendações
			Nível de risco	Frequência	Severidade		

Quadro 22: Exemplo de planilha de APR - FONTE: OS AUTORES

Alguns exemplos para definição das categorias de severidade, frequência, bem como uma matriz de riscos, são mostrados no Quadro 23: Categorias de severidade para APR, Quadro 24: Categorias de frequência para APR e Quadro 25: Matriz de risco para APR. Eles foram adaptados da Norma N-2782 — Técnicas Aplicáveis à Análise de Riscos Industriais da Petrobras, de 2010.

Categoria		Descrição
I	Desprezível	Sem lesões ou casos de primeiros socorros sem afastamento
II	Marginal	Lesões leves
III	Crítica	Lesões moderadas
IV	Catastrófica	Lesões graves e/ou mortes

Quadro 23: Categorias de severidade para APR - FONTE: ADAPTADO DA NORMA N-2782 – TÉCNICAS APLICÁVEIS À ANÁLISE DE RISCOS INDUSTRIAIS DA PETROBRAS

Categoria		Frequência	Descrição
A	Extremamente remota	< 1 em 10^5 anos	Conceitualmente possível, mas extremamente improvável de ocorrer durante a vida útil do empreendimento. Sem referências históricas de que isto tenha ocorrido.
B	Remota	1 em 10^3 anos a 1 em 10^5 anos	Não é esperado que ocorra durante a vida útil da instalação, apesar de haver referências históricas.
C	Pouco provável	1 em 30 anos a 1 em 10^3 anos	Possível de ocorrer até uma vez durante a vida útil da instalação.
D	Provável	1 por ano a 1 em 30 anos	É esperado que ocorra mais de uma vez durante a vida útil da instalação.
E	Frequente	> 1 por ano	É esperado que ocorra muitas vezes durante a vida útil da instalação.

Quadro 24: Categorias de frequência para APR – FONTE: ADAPTADO DA NORMA N-2782 – TÉCNICAS APLICÁVEIS À ANÁLISE DE RISCOS INDUSTRIAIS DA PETROBRAS

Matriz de risco		Frequência				
		A	B	C	D	E
Severidade	IV	Moderada	Moderada	Não tolerável	Não tolerável	Não tolerável
	III	Tolerável	Moderada	Moderada	Não tolerável	Não tolerável
	II	Tolerável	Tolerável	Moderada	Moderada	Moderada
	I	Tolerável	Tolerável	Tolerável	Tolerável	Moderada

Quadro 25: Matriz de risco para APR – FONTE: ADAPTADO DA NORMA N-2782 – TÉCNICAS APLICÁVEIS À ANÁLISE DE RISCOS INDUSTRIAIS DA PETROBRAS

Um exemplo de aplicação da APR para a operação de uma prensa é mostrado no Quadro 26.

Atividade			Operação de prensa				
Perigo	Risco	Consequências	Frequência	Severidade	Nível de risco	Controles/recomendações	
Martelo	Ingresso acidental das mãos e braços na área de prensagem	Fraturas Esmagamento Decepamento	E	IV	Não tolerável	Proteção da área de prensagem nas laterais e na parte traseira da máquina (enclausuramento) Cortina de luz e CLP para parada de emergência Botão de emergência Comando bimanual	

Quadro 26: Exemplo de aplicação da APR para uma prensa - FONTE: OS AUTORES

3.3 Checklist

A análise baseada em *checklist* é um método que utiliza a experiência da equipe para incorporar uma lista de perguntas com o objetivo de verificar se a máquina (ou equipamento) atende aos níveis de segurança desejados. Essa análise é comumente usada em combinação com outros métodos.

As listas de verificação devem ser compostas a partir dos requisitos estabelecidos na legislação vigente e nas normas aplicáveis. É recomendável que a análise de risco não seja baseada unicamente em um *checklist*, visto que problemas importantes podem ser ignorados. Se uma lista de verificação é a opção preferida para a análise completa, ela deve ser estendida com itens baseados na experiência anterior da equipe no campo de aplicação e revisada, preferencialmente, por mais de uma pessoa. Os passos para a elaboração de um *checklist* são explicados a seguir.

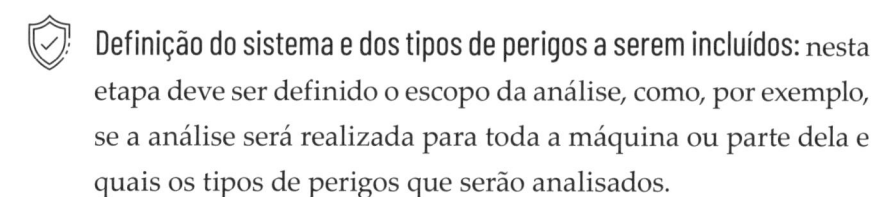

- **Definição do sistema e dos tipos de perigos a serem incluídos:** nesta etapa deve ser definido o escopo da análise, como, por exemplo, se a análise será realizada para toda a máquina ou parte dela e quais os tipos de perigos que serão analisados.
- **Subdivisão do sistema para análise:** o modo mais eficaz de avaliar um sistema é manter o nível o mais amplo possível, o que pode ser obtido iniciando-se em um nível alto e trabalhando a hierarquia do sistema conforme necessário (abordagem *top-down*).
- **Elaboração do *checklist*:** nesta etapa devem ser definidas as questões que irão compor o *checklist*. Preferencialmente devem ser consultados tantos profissionais quanto possível e todas as leis e normas vigentes ou outras que forem aplicáveis devem ser consideradas a fim de que a lista seja o mais completa possível.
- **Aplicação do *checklist*:** as respostas devem ser fornecidas por pessoas que atuam na área coberta pela análise, como engenheiros eletricistas ou mecânicos, técnicos em segurança do trabalho etc. Se for determinado que a segurança da máquina é insuficiente, as recomendações devem ser geradas e documentadas.

Um exemplo de *checklist* para uma estufa industrial é mostrado no Quadro 27.

Perguntas	Respostas	Recomendações
A máquina ou equipamento possui partes cortantes? Se sim, quais?	Sim, nos ventiladores.	Uso de proteções fixas para os ventiladores.
A máquina ou equipamento possui superfícies aquecidas? Se sim, quais?	Sim, a área onde se encontram os mecanismos de aquecimento.	Uso de proteções fixas para os mecanismos de aquecimento.
Existe a possibilidade de que algum objeto seja lançado durante a operação da máquina ou equipamento? Se sim, quais? Em quais condições?	Não.	-

Quadro 27: Exemplo de *checklist* para uma estufa industrial - FONTE: OS AUTORES

A etapa de apreciação de riscos deve ser seguida pela elaboração do cronograma de adequação da(s) máquina(s) ou equipamento(s) para os quais foram identificados pontos que necessitam de adequação. O cronograma deve ser elaborado com base no número de risco (*Hazard Rating Number* — HRN), conforme foi explicado no Capítulo 2, seção 2.6 NR 12. Posteriormente deve-se proceder para a etapa de redução de riscos.

Caso seja necessário reduzir ou eliminar riscos, o próximo passo consiste na determinação da categoria do sistema de comando, conforme foi mencionado no Capítulo 2, seção 2.6 NR 12.

METODOLOGIA PARA DESENVOLVIMENTO DE APLICAÇÕES PARA SEGURANÇA DE MÁQUINAS: O MODELO V

4

Neste capítulo são abordadas as boas práticas que devem ser seguidas no desenvolvimento de softwares para controladores lógicos programáveis de segurança em projetos de máquinas conforme as normas NR 12, IEC 61508, IEC 62061 e ABNT NBR ISO 13849-1 e seus anexos. Ainda que uma parte significativa das boas práticas detalhadas nas seções a seguir sejam especialmente direcionadas ao software de aplicação (SRASW) é possível aplicá-las também ao software embarcado (SRESW) e ao hardware.

4.1 Recomendações gerais para o gerenciamento de um projeto de segurança funcional

No início do projeto, é importante definir quais documentos serão desenvolvidos pelo fabricante ou integrador e quais serão desenvolvidos pela organização responsável pela certificação e/ou consultoria especializada.

Existem empresas que fornecem treinamentos e consultorias para o desenvolvimento de documentação para projetos de segurança funcional, sendo que algumas empresas podem desenvolver toda a documentação e realizar as alterações que eventualmente sejam solicitadas pela agência certificadora. Algumas agências certificadoras também podem fornecer consultorias e treinamentos e a decisão de contratar ou não uma consultoria especializada depende de diversos fatores. Tal abordagem se torna mais vantajosa especialmente para empresas que contam com menor número de engenheiros e/ou que desejam acelerar o desenvolvimento do produto.

É fundamental envolver a organização responsável pela certificação o mais cedo possível no projeto com o objetivo de detectar possíveis desvios dos requisitos em relação às normas aplicáveis, bem como corrigir procedimentos incorretos. Além de projetar um sistema seguro, é necessário que o fabricante seja capaz de demonstrar que seu sistema realmente é seguro.

É possível demonstrar que um sistema é seguro por meio de uma documentação correta e abrangente que contemple todas as partes do desenvolvimento da máquina. Uma documentação de boa qualidade auxilia fabricantes ou integradores e a organização responsável pela certificação. Nesse contexto, o Plano de Segurança Funcional é um documento muito importante durante todas as etapas do ciclo de vida do projeto e precisa ser continuamente atualizado à medida que o projeto avança. As recomendações para a construção desse documento serão detalhadas mais tarde.

Se a empresa não possui procedimentos para segurança funcional, é aconselhável construir um documento cuja estrutura deve estar de acordo com as cláusulas descritas nas normas aplicáveis. Sempre que for possível, é recomendada a integração dos procedimentos-padrão da empresa com aqueles que são relacionados à segurança funcional. O objetivo dessa recomendação é evitar dois sistemas de gerenciamento diferentes.

> **Dica:** quando a integração não for viável, é recomendado que os procedimentos para segurança funcional sejam bem identificados visando evitar mal-entendidos por parte das equipes.

Nas próximas seções são descritos o Modelo V, que é a metodologia para desenvolvimento de software recomendada pela norma IEC 61508, e cada uma das suas etapas de forma detalhada.

4.2 Visão geral do Modelo V

O Modelo V consiste em um caminho sequencial de execução de processos que demonstra como as atividades de testes devem estar relacionadas com a análise e o projeto do sistema. Cada fase deve ser concluída antes da próxima começar e é necessário definir os componentes de software que irão compor o sistema de segurança e os meios empregados para testá-los. O mesmo modelo pode e deve ser aplicado para desenvolvimento de hardware, sendo que nesse caso a etapa de codificação será substituída por *layout*. A Figura 21 mostra as etapas do Modelo V.

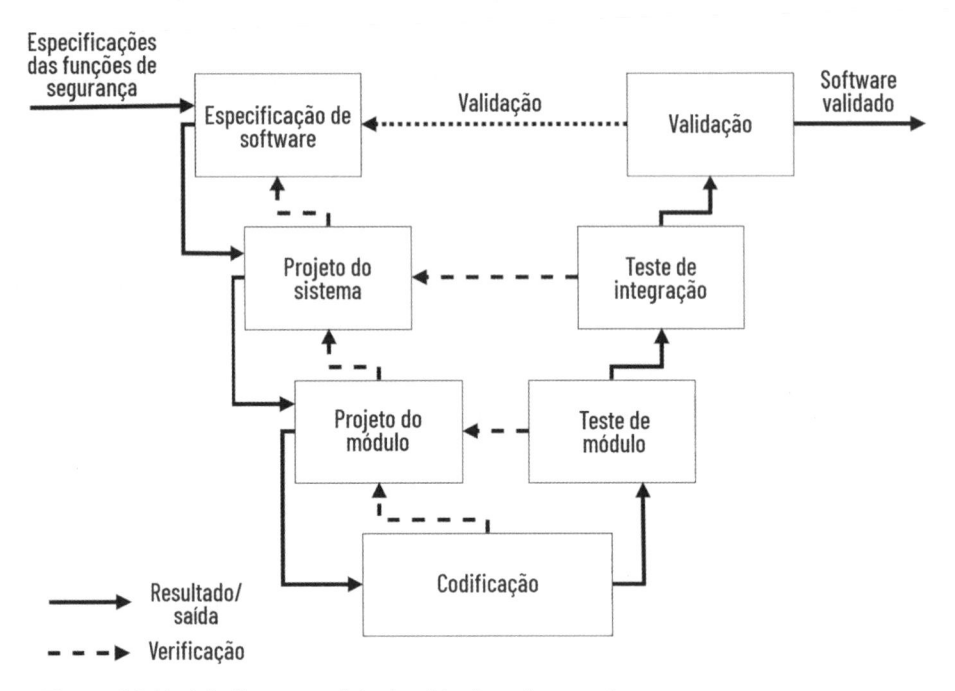

Figura 21. Modelo V para o ciclo de vida do software de segurança - FONTE: OS AUTORES

4.2.1 Criação de requisitos

A documentação dos requisitos é a base para o entendimento e uso adequados do Modelo V, por isso é importante que essa atividade seja tratada antes do início das explicações acerca do Modelo V. Cada requisito deve expressar uma única ideia, ser conciso, simples e sem ambiguidades. Durante a documentação de um requisito, é necessário fornecer as especificidades de uma meta final ou resultado. Portanto, um requisito precisa conter um critério de sucesso ou outra indicação mensurável de qualidade, sendo necessário ainda determinar como ele será verificado (testado). Isso é importante porque ajuda a garantir que o requisito é verificável.

Cada requisito deve consistir em uma frase completa e deve ter sujeito e predicado. São exemplos de requisitos:

a) A especificação do tempo máximo para a parada de uma máquina.

b) A especificação de uma ou mais condições para a parada de uma máquina ou para a redução da velocidade de operação de algum dos seus componentes.

Os exemplos acima constituem requisitos facilmente verificáveis porque um teste retornaria o resultado "aprovado" ou "reprovado".

4.2.2 Rastreamento de requisitos

Se um requisito é modificado, é necessário avaliar o impacto dessa mudança nos demais requisitos. Para atingir esse objetivo é necessário rastrear todos os requisitos de projeto, os quais devem estar associados com testes, que também devem ser rastreados. Deve ser possível observar todo o desenvolvimento de um requisito e conectar o mesmo com aquilo que é desenvolvido. Dessa forma, não poderão existir funcionalidades que não foram especificadas. Por exemplo, a implementação de uma função no software deve estar conectada com um requisito que foi especificado anteriormente.

Cada empresa tem necessidades específicas e pode definir qual é a melhor forma de documentar e rastrear seus requisitos. Os projetos mais complexos exigem mais atenção nesse aspecto. O rastreamento pode ser feito com auxílio de ferramentas específicas para essa finalidade ou com aplicativos para edição de planilhas.

> **Dica:** o sistema de rastreamento precisa ser, antes de tudo, viável para o uso diário da equipe. Sempre priorize a simplicidade.

É aconselhável também atribuir responsabilidades aos membros da equipe, como, por exemplo, desenvolvedor de aplicação, engenheiro de hardware, testador etc.; e permissões, como: definir quem pode decidir que um problema já foi resolvido de modo satisfatório ou, ainda, quem pode decidir que o projeto foi concluído e, portanto, as atividades de desenvolvimento e os testes podem ser encerrados.

Nas seções a seguir são descritas as etapas do Modelo V e os documentos que devem ser confeccionados em cada uma delas.

4.3 Elaboração do Plano de Segurança Funcional

Conforme foi mencionado anteriormente, é uma boa prática definir quais profissionais estão aptos a decidir a respeito do término de uma atividade quando sua execução tiver ocorrido de modo satisfatório ou, ainda, da necessidade de retomar uma atividade que foi considerada concluída (devido a um mau funcionamento em um componente que foi detectado tempos depois, por exemplo). Além disso, as etapas do projeto, as atividades, os nomes dos documentos que serão gerados durante o projeto, incluindo manuais, bem como os responsáveis pela execução de cada fase do projeto e outras informações relevantes devem estar documentados no Plano de Segurança Funcional (do inglês *Safety Plan* — SP).

Esse documento pode ser bastante simples e pode ser confeccionado sob a forma de planilha, formulário de sistema próprio da empresa ou similar, desde que contenha as informações necessárias e esteja acessível para todos os profissionais envolvidos no projeto. O objetivo não é burocratizar o desenvolvimento, mas organizá-lo e facilitar o dia a dia dos profissionais por meio de informações precisas a respeito do projeto.

O Plano de Segurança Funcional deve ser seguido durante todo o projeto e muitas vezes isso não é conseguido, sendo que um dos principais motivos é a confecção de um documento que não contém procedimentos viáveis e/ou práticos para serem aplicados no dia a dia das empresas.

Uma sugestão de lista de conteúdos para esse documento é apresentada a seguir.

4.3.1 Conteúdos para o Plano de Segurança Funcional e um modelo de documento

A seguir é apresentada uma sugestão dos conteúdos que esse documento deve apresentar. Conforme necessário, podem ser adicionados mais assuntos, contudo, recomenda-se que nenhum tópico dessa lista seja suprimido.

1) Escopo do documento.

2) Definição de termos, siglas etc.

3) Visão geral do projeto.

4) Organização do projeto (equipe, qualificações e responsabilidades). Esse conteúdo deve ser atualizado quando um membro for desligado ou integrado à equipe, mantendo-se o histórico. Para isso, pode-se adicionar a nota "desligado em dia/mês/ano" e/ou "integrado em dia/mês/ano" ao lado do nome do funcionário.

5) Procedimentos para treinamento de novos membros (nesse item podem ser referenciados os documentos da empresa que tratam desse assunto).

6) Ciclo de vida do projeto (descrição das etapas).

7) Lista de documentos do projeto (inclui manuais de usuário).

8) Informações sobre o plano de testes do produto (como, por exemplo, a localização dele nos arquivos da empresa etc.).

9) Gerenciamento de configuração (informações a respeito da criação e do armazenamento de versões de software e de hardware).

10) Medidas para evitar falhas (observações a respeito de seleção de fornecedores, referências aos processos internos da empresa, plano de testes etc.).

Um modelo de Plano de Segurança Funcional (SP) é mostrado no Quadro 28.

Plano de Segurança Funcional (SP)
Empresa:
Endereço e telefone:
CNPJ:
Inscrição estadual:
CNAE:
Versão do documento:
Data:
Responsável:
Revisor:
Identificação da máquina/equipamento (número serial etc.):
Nome da máquina:
Fabricante/modelo:
Ano de fabricação:
Importador:

Visão geral do projeto:

Equipe, qualificações e responsabilidades:

Procedimentos para treinamento de novos membros da equipe:

Descrição das etapas do projeto (fluxogramas etc.):

Lista de documentos do projeto (inclui plano de testes e manuais):

Procedimentos para gerenciamento de configuração:

Medidas para evitar falhas (seleção de fornecedores, procedimentos internos da empresa etc.):

Quadro 28: Modelo de SP - FONTE: OS AUTORES

Uma vez elaborado, o Plano de Segurança Funcional pode e deve ser usado como modelo para outros projetos. No momento em que um projeto for finalizado, a empresa pode verificar quais procedimentos funcionaram adequadamente e quais necessitam de ajustes. Relatos de dificuldades para seguir procedimentos no dia a dia da empresa devem ser entendidos como alertas para a necessidade de revisar documentos e adaptar processos. Uma relação de documentos técnicos de acordo com as normas aplicáveis é fornecida na próxima seção.

4.3.2 Documentação técnica de acordo com a norma ABNT NBR ISO 13849-1

A relação geral de documentos técnicos conforme a norma ABNT NBR ISO 13849-1 é apresentada a seguir:

- Funções de segurança fornecidas pelo SRP/CS e as características de cada uma delas.
- Os pontos exatos nos quais as partes relacionadas à segurança começam e terminam.
- Condições ambientais.
- Nível de desempenho (PL) e as categorias selecionadas.
- Parâmetros relevantes para a confiabilidade ($MTTF_d$, DC, CCF e intervalo de teste de prova/tempo da missão).
- Medidas contra falhas sistemáticas.
- Tecnologias utilizadas.
- Falhas consideradas e falhas excluídas, bem como a justificativa para exclusão de falhas.
- Documentação de software.
- Medidas contra a utilização indevida para os casos razoavelmente previsíveis.

Em geral, essa documentação é prevista para fins internos do fabricante e não será distribuída ao usuário da máquina. É importante observar que os documentos aqui listados não necessitam obrigatoriamente ser independentes entre si, ou seja, desde que as informações necessárias estejam contidas, é possível elaborar apenas dois ou três documentos. Sugere-se nesse caso que a documentação de software seja separada para facilitar a organização.

Os documentos técnicos são descritos nas próximas seções.

4.4 Definição dos requisitos gerais da máquina e elaboração do documento Especificação de Requisitos de Segurança

O resultado da análise de riscos da máquina ou equipamento, assim como o uso pretendido e os aspectos ambientais, constituem a base para a definição de requisitos tais como:

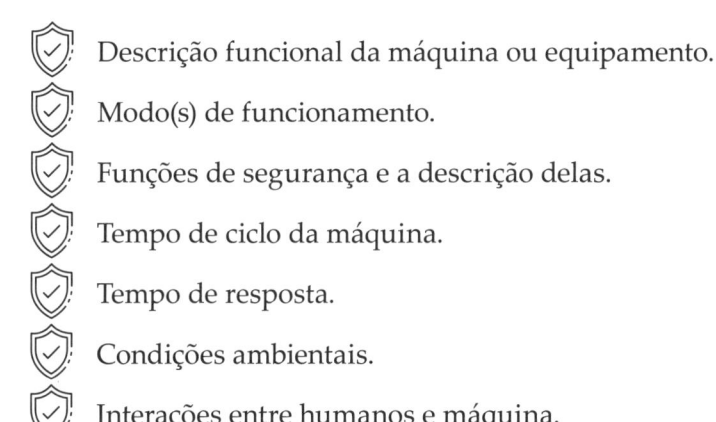

- Descrição funcional da máquina ou equipamento.
- Modo(s) de funcionamento.
- Funções de segurança e a descrição delas.
- Tempo de ciclo da máquina.
- Tempo de resposta.
- Condições ambientais.
- Interações entre humanos e máquina.

Esse é o estágio inicial do projeto e fornece subsídios para sua execução de acordo com o Modelo V. A saída dessa etapa é um documento chamado de Especificação de Requisitos de Segurança (do inglês *Safety Requirements Specification* — SRS).

Esse documento contém informações sobre o comportamento da máquina ou equipamento no que diz respeito às rotinas de segurança, condições de parada, acionamento de botão de emergência, *reset* etc. Tais informações são relevantes para os projetos de software e de hardware e, portanto, o SRS alimenta ambas as especificações, sendo imprescindível a revisão detalhada do mesmo por um profissional qualificado. Uma sugestão de lista de conteúdos para o SRS é apresentada a seguir.

4.4.1 Relação de conteúdos e um modelo para o documento Especificação de Requisitos de Segurança

É importante observar que alguns conteúdos listados aqui são aplicáveis somente para novos projetos e que novos itens podem ser inseridos conforme a necessidade.

1) Introdução.
2) Escopo do documento.
3) Visão geral do produto.
4) Normas e diretivas aplicáveis.
5) Requisitos gerais do produto.
6) Requisitos de arquitetura do sistema.
7) Requisitos de comunicação.
8) Requisitos elétricos.
9) Requisitos mecânicos.
10) Requisitos ambientais ou climáticos.
11) Requisitos de manutenção.
12) Requisitos de software.

13) Funções de segurança e suas descrições.

14) Tempo de ciclo da máquina.

15) Tempo de resposta.

16) Requisitos de interfaces com usuário.

Um modelo de SRS é mostrado no Quadro 29.

Especificação de Requisitos de Segurança (SRS)
Empresa: Endereço e telefone: CNPJ: Inscrição estadual: CNAE: Versão do documento: Data: Responsável: Revisor: Identificação da máquina/equipamento (número serial etc.):   Nome da máquina: Fabricante/modelo: Ano de fabricação: Importador: Normas aplicáveis:

Tipo(s) de análise(s) de risco realizada(s):

Documentos de análise de risco/responsáveis:

Descrição geral do funcionamento da máquina:

Interações entre humanos e máquina (limpeza, manutenção etc.):

Requisitos gerais:

Requisitos específicos (software, hardware, manutenção, interfaces com o usuário etc.):

Função de segurança/descrição:

Nome da função de segurança:

Riscos associados:

Tipo (parada de emergência, *reset* manual, prevenção de partida acidental etc.):

Tempo de ciclo:

Tempo de resposta:

Condições ambientais (temperatura, vibração etc.):

Quadro 29: Modelo de SRS - FONTE: OS AUTORES

A próxima seção trata da especificação de software.

4.5 Especificação do software

Nessa etapa devem ser definidas as características gerais de funcionamento do software, tais como seu propósito, tipo(s) de máquina(s) ou equipamento(s) para o qual ele será desenvolvido, incluindo versões, características gerais das máquinas ou equipamentos, condições para parada da máquina ou equipamento, tempos de parada etc.

A ideia central dessa etapa é ser genérica, porém contemplando os subsídios necessários para a execução das etapas posteriores, nas quais o detalhamento será maior. A saída dessa etapa deve ser um documento que pode ser chamado de Requisitos de Software e que deve conter os nomes dos profissionais responsáveis pela elaboração e revisão, além da listagem de requisitos, os quais devem ser escritos de forma clara e com o emprego de linguagem técnica adequada.

4.6 Projeto do sistema

Nessa etapa devem ser detalhadas as definições que foram feitas na etapa anterior. Ou seja, aqui é necessário decidir e documentar quais módulos de software serão implementados para atender à especificação que foi feita e fornecer as funcionalidades de cada um, também sob a forma de requisitos. Sempre que for possível, é recomendável dividir o sistema em um conjunto de módulos. A motivação para essa recomendação é o fato de que o risco de inserir defeitos diminui e ainda, caso ocorram problemas, será possível isolar os mesmos para investigação e resolução.

A parte do software que é segura e a parte que não é segura devem ser evidenciadas nessa etapa. Fica a critério da empresa decidir englobar essa etapa na especificação do software ou produzir um documento independente, o qual pode ser chamado de Descritivo de Software.

Nos CLPs de segurança funcional que integram as funcionalidades convencionais e de segurança que são comercializados atualmente (cujas vantagens foram descritas na seção 2.2.13 Diferença entre Sistemas Instrumentados de Segurança e Sistemas de Controle de Processo Básicos), as rotinas lógicas convencionais e rotinas lógicas de segurança são isoladas umas das outras no processamento das informações. Porém, pode existir a necessidade de realizar leituras de informações de segurança por rotinas lógicas convencionais e vice-versa. De qualquer forma, as informações de lógicas convencionais que são lidas por rotinas de segurança não podem ser usadas para controlar diretamente uma saída de segurança.

Nesse tipo de solução, as porções de memória destinadas para a tarefa de controle e para a tarefa de segurança também são separadas, sendo que as *tags* de segurança só podem ser utilizadas na tarefa de segurança, além de não ser possível escrever nas *tags* de segurança a partir da lógica convencional. Ademais, após a finalização e a validação do programa, o CLP de segurança gera uma assinatura para lógica implementada nos blocos de instruções, a qual também não pode ser apagada ou modificada.

4.7 Projeto do módulo e codificação

Nesse estágio a equipe tem conhecimento de como será divido o software de aplicação e quais as funcionalidades que cada bloco de software executará. O foco aqui é detalhar o comportamento de cada um desses blocos, especificando as entradas, as saídas, os cálculos etc. Além disso, é importante definir como cada um dos módulos será testado. Com o documento produzido nessa etapa, o qual pode ser chamado de Descritivo de Módulo de Software, um desenvolvedor de aplicação deve ter condições de realizar a etapa seguinte, que é a codificação.

Já na etapa de codificação, deve ser criado o código com base no Descritivo de Módulo de Software. É necessário adotar boas práticas para a codificação, tais como o amplo uso de comentários e a nomenclatura adequada das variáveis. Caso a empresa não tenha padrão próprio para a codificação, o desenvolvedor pode criar um padrão antes de iniciar a implementação. Caso isso seja feito, deve ser criado um documento simples para ser anexado aos demais documentos do projeto. Esse documento pode ser, por exemplo, um código-modelo simples e amplamente comentado.

As boas práticas que devem ser seguidas nessa etapa de acordo com o anexo J da norma ABNT NBR ISO 13849-1 são listadas a seguir.

4.7.1 Regras de programação

Em relação às regras de programação no nível da estrutura do programa, devem ser observados os seguintes aspectos:

- Devem ser usados modelos para blocos típicos de programas ou funções.
- Os programas devem ser particionados visando a identificação de partes principais correspondentes a entradas, processamentos e saídas.
- Devem ser adicionados comentários sobre cada seção do programa e deve-se realizar a atualização deles em caso de modificação do programa.
- As chamadas de funções devem conter descrições.
- Cada posição de memória deve ser usada apenas por um único tipo de dado e deve ser marcada por um rótulo exclusivo.

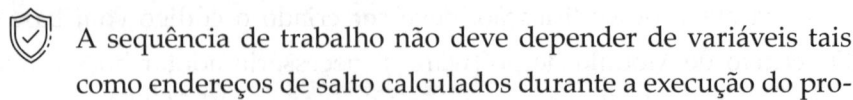

✅ A sequência de trabalho não deve depender de variáveis tais como endereços de salto calculados durante a execução do programa. Saltos condicionais podem ser utilizados.

Em relação ao uso de variáveis, devem ser observadas as seguintes regras:

✅ A ativação ou desativação de qualquer saída deve ocorrer apenas uma vez (condições centralizadas).

✅ O programa deve ser estruturado de forma que as equações para atualização de uma variável sejam centralizadas.

✅ Cada variável global, entrada ou saída, deve ter um mnemônico explícito e deve ser descrita por um comentário no código-fonte.

No que diz respeito aos blocos funcionais, devem ser observados os seguintes pontos:

✅ Devem ser utilizados preferencialmente blocos funcionais que tenham sido validados pelo fornecedor do SRP/CS, verificando se as condições operacionais assumidas para esses blocos validados correspondem às condições do programa.

✅ O tamanho do bloco codificado deve ser limitado aos seguintes valores de referência:

- Parâmetros — máximo de 8 entradas digitais, 2 entradas inteiras e 1 saída.
- Código de função — máximo de 10 variáveis locais e máximo de 20 equações booleanas.

✅ Os blocos de funções não devem modificar as variáveis globais.

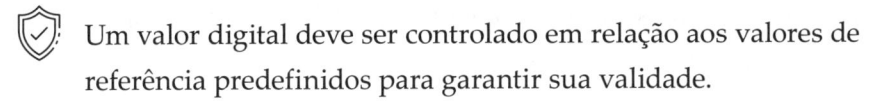

- 🛡️ Um valor digital deve ser controlado em relação aos valores de referência predefinidos para garantir sua validade.
- 🛡️ Um bloco de funções deve tentar detectar inconsistências de variáveis a serem processadas.
- 🛡️ O código de falha de um bloco deve distinguir uma falha entre outras possíveis.
- 🛡️ Os códigos de falha e o estado do bloco após a detecção de falha devem ser amplamente descritos nos comentários.
- 🛡️ A restauração de um estado normal deve ser descrita por comentários.

4.7.2 Diferenças entre a verificação e a validação de projetos

A verificação deve ser feita em todas as etapas do projeto e busca garantir a correta implementação dos módulos de software e hardware. Testadores e desenvolvedores devem ser pessoas diferentes, que podem revezar seus papéis. O objetivo nesse caso é evitar que um projetista de aplicação faça testes superficiais por considerar que seu trabalho não necessita de testes mais amplos. Já a validação do projeto como um todo deve ser feita com o produto pronto e por alguém que não tenha participado do desenvolvimento, preferencialmente.

O objetivo da validação é verificar se o produto funciona corretamente, ou seja, se ele realmente faz o que foi definido no escopo do projeto. Os manuais dos equipamentos ou máquinas também devem ser utilizados na validação e é comum que nessa etapa seja percebida a necessidade de realizar melhorias nos manuais.

A verificação e a validação visam garantir que o sistema/software foi desenvolvido de acordo com as normas, funciona corretamente e, em consequência disso, os trabalhadores que vão operar a máquina estarão seguros. As etapas da verificação são descritas nas seções a seguir.

4.8 Verificação da especificação do software

Essa atividade consiste em verificar as descrições dos pontos sensíveis no que diz respeito à correção e à ausência de ambiguidades. De acordo com o anexo J da norma ABNT NBR ISO 13849-1, os seguintes pontos devem ser considerados:

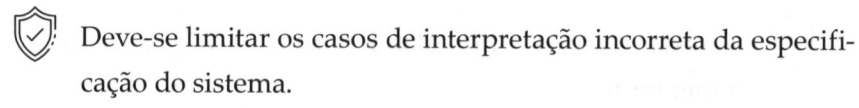

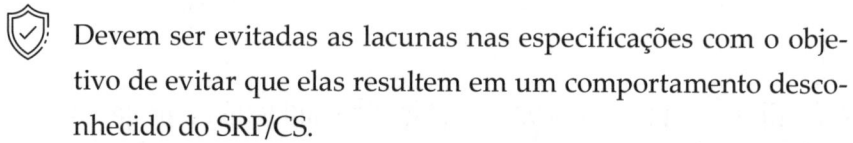

- Deve-se limitar os casos de interpretação incorreta da especificação do sistema.
- Devem ser evitadas as lacunas nas especificações com o objetivo de evitar que elas resultem em um comportamento desconhecido do SRP/CS.
- As condições de ativação e desativação de funções devem ser definidas com precisão.
- Deve-se garantir que todos os casos possíveis sejam tratados.
- É necessário realizar testes de consistência.
- É necessário considerar os diferentes casos de parametrização.
- As reações após uma falha devem ser verificadas.

4.8.1 Teste de software

O teste agrega confiabilidade ao software, consiste em uma análise dinâmica do produto e tem como objetivo identificar erros. O objetivo do teste é encontrar o maior número possível de erros com esforço controlado aplicado durante um intervalo de tempo previsto.

Muitas vezes, os testes são vistos como sendo apenas causadores de aumentos dos custos e prazos dos projetos, porém, nesse caso específico, eles podem evitar acidentes graves. Mesmo quando as empresas compreendem a importância de realizar testes, outro problema ocorre com certa frequência: as equipes muitas vezes não são treinadas de forma suficiente ou, ainda, não há tempo suficiente para a realização do teste exaustivo. Outro cenário comum é a dificuldade em determinar os resultados esperados para cada caso de teste e a falta de documentação dos projetos. Os requisitos muitas vezes não existem ou mudam ao longo dos projetos sem que seja feito qualquer registro.

Para que o equipamento ou máquina possa ser testado de forma suficiente, é imprescindível a documentação adequada dos requisitos do projeto antes que qualquer desenvolvimento seja iniciado, conforme foi explicado na seção 4.1 Recomendações gerais para o gerenciamento de um projeto de segurança funcional.

Testar software envolve ter um processo de desenvolvimento, ter uma equipe de testes, controlar as versões de software, realizar cópias de segurança (*backups*) e ter uma ferramenta de apoio para registrar os casos de testes e os problemas encontrados — um aplicativo de planilha pode cumprir esse papel.

As etapas recomendadas para o teste de software são as seguintes: planejamento (tempo, alocação de membros da equipe etc.), projeto de casos de teste (isso inclui prever todas as ferramentas que serão necessárias durante os testes), execução dos testes (incluindo a documentação dos resultados) e avaliação dos resultados. As atividades referentes aos testes devem ser realizadas durante todo o processo de desenvolvimento do produto (isso é o que chamamos de verificação). Já a validação deve ser feita com o produto pronto.

A verificação é composta dos seguintes passos: teste de unidade, teste de integração e teste de sistema. Cada empresa deve definir se os testes serão compostos dessas três etapas ou se serão realizados somente testes de sistema, desde que os testes sejam bem planejados e exercitem amplamente os diferentes comportamentos possíveis para o software.

CRIAÇÃO DE CASOS DE TESTE DE SOFTWARE E TIPOS DE TESTES

Um caso de teste deve ser dividido em: entradas, saídas esperadas, ordem de execução, como, por exemplo, em cascata (um após o outro) ou totalmente independentes um do outro.

Diferentes tipos de testes podem ser utilizados para verificar se um programa funciona de acordo com a especificação. Os testes podem ser classificados em teste caixa-preta (do inglês *black-box testing*), teste caixa-branca (do inglês *white-box testing*) ou teste baseado em defeito (*fault-based testing*).

Os testes do tipo caixa-preta são baseados na especificação de requisitos do software. Nenhum conhecimento de como o programa interno está implementado é necessário. Já os testes do tipo caixa-branca são baseados na estrutura interna do software e, no caso de programação com blocos de função (FBD) proprietários, esse tipo de teste não é viável. Os testes baseados em defeito, por sua vez, são alicerçados em informações históricas sobre problemas que aparecem com frequência durante o processo de desenvolvimento.

O Quadro 30 contém as recomendações de testes de acordo com a norma ISO 13849-2.

PL/Categoria	Testes de acordo com a norma ISO 13849-2
Todos os PL_r	Teste de caixa-preta do comportamento funcional e do desempenho. Ex.: características de tempo.
Recomendado para PL_r d ou e	Casos de teste incluindo análises de valor limite. Ex.: exposição de um parâmetro a um valor mais alto do que o limite especificado para ele.
Todos os PL_r	Testes com entradas e saídas para verificar se os sinais de E/S relacionados à segurança estão corretos.
PL_r e categorias com detecção de falhas	Casos de teste que simulam falhas previamente determinadas, com as reações esperadas.

Quadro 30: Recomendações de testes de acordo com a norma ISO 13849-2

FONTE: OS AUTORES

4.9 Métodos para validação de software

A validação deve ser realizada quando o projeto se encontra em estágio muito avançado e deve ser a última etapa a ser executada antes do encerramento dele. O objetivo da validação é determinar se o produto realmente está adequado para a finalidade à qual ele se destina, se atende aos requisitos especificados, se está de acordo com as normas aplicáveis etc.

O modo segundo o qual as análises e testes serão realizados dependerá do tamanho e da complexidade do sistema de controle e da maneira como ele é integrado à planta ou à máquina. Uma equipe independente deve realizar essa etapa para garantir que as análises sejam realmente imparciais. A necessidade de independência não significa necessariamente que uma instituição externa deverá ser contratada. Para que o processo de validação seja confiável basta que a própria empresa tenha uma equipe com conhecimentos suficientes para realizar as atividades de validação e, principalmente, que esses funcionários sejam treinados para emitir seus pareceres de forma isenta, documentando todas as críticas que são cabíveis ao produto.

Deve ser elaborado um documento chamado de Plano de Validação para estabelecer o escopo das análises e testes. Nesse documento, devem ser descritos todos os requisitos para realizar a validação das funções de segurança especificadas e das suas categorias. Esse documento também deve fornecer informações sobre todos os meios que serão empregados para realizar a validação da máquina. Entre as informações que devem estar contidas no Plano de Validação estão:

- As condições ambientais e operacionais.
- As análises e testes a serem executados.
- A listagem de todos os documentos relacionados à validação.

4.9.1 Validação por análise

A validação de partes relacionadas à segurança dos sistemas de controle é realizada primeiramente por análise, na qual o objetivo é demonstrar que a função de segurança realmente possui todas as características que foram previamente especificadas. Devem ser analisados fatores tais como: os perigos identificados durante a etapa de apreciação de riscos (como, por exemplo, por meio do emprego da técnica HAZOP); a confiabilidade da máquina; quaisquer aspectos qualitativos que influenciam o comportamento da máquina; taxas de falhas; entre outros.

As condições ambientais são de grande importância na determinação do desempenho das partes dos sistemas de controle relacionadas à segurança. Dessa forma, é fundamental que as análises demonstrem que o sistema tem durabilidade mecânica para suportar fontes de estresse tais como choque, vibração e entrada de contaminantes, além de considerar fatores tais como temperatura, umidade e compatibilidade eletromagnética.

Para atingir os objetivos descritos podem ser utilizadas as técnicas do tipo "de cima para baixo" (do inglês *top-down*), sendo elas: a Análise de Árvore de Falhas (do inglês *Fault Tree Analysis* — FTA) ou a Análise de Árvore de Eventos (do inglês *Event Tree Analysis* — ETA); ou, ainda, as técnicas do tipo "de baixo para cima" (do inglês *bottom-up*), como, por exemplo: Modos de falha e análise de efeitos (do inglês *Failure Modes and Effects Analysis* — FMEA) e Modos de falha, efeitos e análise de criticidade (do inglês *Failure Modes, Effects and Criticality Analysis* — FMECA).

ANÁLISE DE ÁRVORE DE FALHAS (FTA)

Uma árvore de falhas mostra graficamente o relacionamento lógico entre uma falha específica do sistema e todas as suas causas contribuintes. A FTA é uma ferramenta eficaz para análises de confiabilidade e segurança, especialmente à medida que os sistemas se tornam mais complexos. Uma FTA pode ser composta das etapas de definição do sistema, construção da árvore de falhas, avaliação qualitativa e avaliação quantitativa. A FTA foi proposta pela Bell Telephone Laboratories em 1961 e é largamente utilizada em aplicações envolvendo segurança funcional na atualidade, embora não esteja restrita a isso.

No que diz respeito à aplicabilidade das técnicas, a FTA é especialmente utilizada para mapear procedimentos e controles voltados à prevenção da ocorrência de eventos indesejáveis, enquanto a ETA é apropriada para a identificação de procedimentos para a mitigação das consequências desses eventos.

MODOS DE FALHA E ANÁLISE DE EFEITOS (FMEA) E MODOS DE FALHA, EFEITOS E ANÁLISE DE CRITICIDADE (FMECA)

As análises dos tipos FMEA e FMECA são tratadas na norma IEC 60812:2018, a qual é aplicável para software e hardware. O objetivo da FMEA é estabelecer como os itens ou processos podem falhar no desempenho de suas funções, para que quaisquer tratamentos necessários possam ser identificados, e pode incluir a identificação das causas dos modos de falha. Os modos de falha podem ser priorizados para apoiar decisões sobre o tratamento. Nos casos em que a classificação da criticidade influencia na gravidade das consequências, a análise FMECA é aplicável.

As definições dos parâmetros do FMEA são estas:

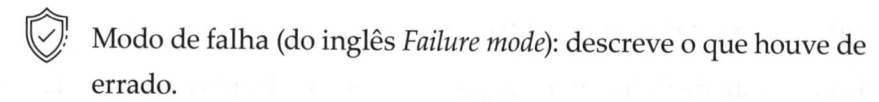

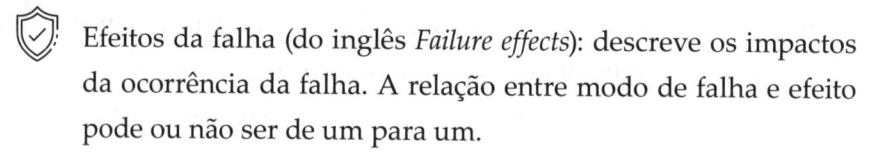

- Modo de falha (do inglês *Failure mode*): descreve o que houve de errado.
- Efeitos da falha (do inglês *Failure effects*): descreve os impactos da ocorrência da falha. A relação entre modo de falha e efeito pode ou não ser de um para um.
- Causa da falha (do inglês *Cause of failure):* descreve as potenciais causas da falha; a fonte de variação que faz com que o modo de falha ocorra.
- Controles atuais (do inglês *Current controls*): descreve os procedimentos e/ou controles empregados com o objetivo de evitar que a falha aconteça.
- Ações recomendadas: determinam os procedimentos a serem seguidos.

O FMECA por sua vez é uma extensão do FMEA que inclui um meio de classificar o risco relacionado aos modos de falha para permitir a priorização de medidas. Isso é feito combinando a classificação da frequência da ocorrência (que é chamada O), a classificação da medida da gravidade (que é chamada S) e o índice de detecção (que é chamado D) de acordo com a fórmula:

$$RPN = O \times S \times D$$

Essas três variáveis assumem valores de 1 até 10, sendo 10 o valor mais elevado para O e S o valor mais baixo para D. Desse modo, o *RPN* assume o valor máximo de 1000, sendo que um *RPN* alto indica prioridade máxima para a adoção das medidas cabíveis.

Quaisquer que sejam as opções de análises utilizadas, estas devem constar no plano de validação e os resultados devem ser amplamente documentados como anexos desse plano.

4.9.2 Validação por testes

Pelo fato de que os sistemas de controle são em sua maioria extremamente complexos, é necessário realizar a validação por testes após a validação por análise. Para essa etapa, é necessário elaborar um plano de testes, o qual deve ser parte do plano de validação e deve incluir as especificações dos testes e os resultados esperados para cada teste, além das orientações relacionadas com a ordem segundo a qual os testes devem ser aplicados, as condições ambientais, listas de materiais necessários e outras informações relevantes.

Os resultados de cada um dos testes devem ser documentados de modo que permita a rastreabilidade deles. Os resultados devem ser registrados com os nomes das pessoas que realizaram os testes e as observações cabíveis (como, por exemplo, notas relacionadas com as condições ambientais ou equipamentos utilizados).

É importante ressaltar que o emprego de blocos de software previamente certificados simplifica de forma significativa a validação, uma vez que eles já se encontram validados.

4.9.3 Validação das funções de segurança

É importante validar as funções de segurança visando garantir que elas estão realmente de acordo com as especificações. Tais funções devem ser testadas em todos os modos de operação da planta ou máquina. A validação do valor de PL e/ou SIL na função de segurança também é de grande importância e suas etapas são as seguintes:

- Validação da categoria.
- Validação dos valores $MTTF_d$.
- Validação dos valores DC.
- Validação das medidas contra falhas de causa comum (CCF).
- Validação das medidas contra falhas sistemáticas.

Para essa finalidade, podem ser utilizadas ferramentas baseadas em software que guiam o usuário pelos diferentes estágios envolvidos na validação das funções de segurança. O uso de ferramentas para modelagem gráfica das funções de segurança pode auxiliar o testador em seus cálculos e ajuda a tornar os resultados mais facilmente rastreáveis.

Cabe destacar que a ação do tempo pode influenciar negativamente na confiabilidade das partes relacionadas à segurança e que isso implica na necessidade de realizar testes periódicos com um profissional devidamente qualificado para tal atividade. Um plano de manutenção e reparo deve ser elaborado e nele devem ser registrados os resultados dos testes periódicos.

4.10 Gerenciamento de configuração: como controlar as mudanças no software de aplicação e na documentação de projeto

Conforme foi mencionado na seção 2.6.3 Determinação das medidas para redução de riscos, os controladores lógicos programáveis de segurança são partes integrantes dos sistemas instrumentados de segurança (SIS) e são utilizados na detecção de situações potencialmente perigosas. As funções de seguranças desenvolvidas para o CLP e o sistema instrumentado de segurança estão programados para atuar automaticamente e levar a máquina para um estado seguro.

Visando garantir uma operação segura, os CLPs de segurança realizam diagnósticos internos com o objetivo de detectar problemas tais como falhas na memória e operação incorreta usando técnicas especiais. Esses diagnósticos são realizados pelo sistema operacional do CLP sem a intervenção do programador de aplicação.

No que diz respeito à programação, a maioria dos CLPs de segurança trazem blocos de instruções especiais para edição do programa, que tendem a representar o funcionamento do componente de segurança usado. Os blocos de instruções certificados são os métodos predominantes para programação de funções de segurança.

Após a finalização e validação do software (SRASW), o CLP de segurança gera uma assinatura para a lógica implementada nos blocos de instruções. A assinatura é um código da combinação da configuração das entradas/saídas (CRC — Verificação Cíclica de Redundância, do inglês *Cyclic Redundancy Check*), podendo conter também um registro de data/hora para certificar a programação configurada. Caso ocorram modificações em algum bloco de instrução de segurança, uma nova assinatura deve ser registrada para essa nova combinação.

Conforme a norma IEC 61131-6, alguns procedimentos devem ser desenvolvidos para o gerenciamento da configuração de softwares dos CLPs:

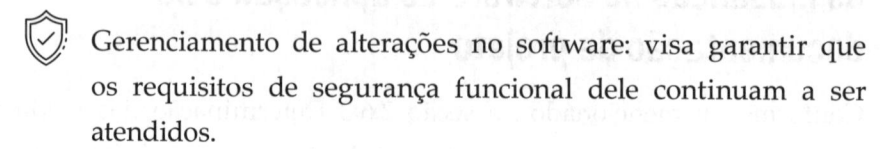

- Gerenciamento de alterações no software: visa garantir que os requisitos de segurança funcional dele continuam a ser atendidos.
- Uso de mecanismos para impedir modificações não autorizadas no software.
- Análise do impacto de uma modificação proposta.
- Armazenamento de cópia mestre do software e de toda a documentação dele.
- Armazenamento da documentação relacionada às modificações realizadas no software.

Para todas as mudanças no SRASW, deve ser realizada uma verificação com o objetivo de determinar o impacto na segurança e nos requisitos da norma ABNT NBR ISO 13849-1 para o desenvolvimento de software, ou seja, o Modelo V deve ser seguido sempre. Além disso, todas as mudanças devem ser documentadas de forma clara visando prevenir futuros equívocos.

A norma ABNT NBR ISO 13849-1 recomenda que sejam realizados regularmente *backups* de todos os documentos relacionados ao projeto (hardware e software), incluindo códigos, resultados de verificação e validação, além das configurações específicas de ferramentas relacionadas a versões de SRASW.

Exercícios Propostos

1) O que é o Plano de Segurança funcional e por que sua elaboração é importante?

2) Por que é importante rastrear requisitos?

3) Mencione dois exemplos de boas práticas que devem ser seguidas durante a etapa de codificação.

4) Qual é a diferença entre verificação e validação de projetos?

5) Por que é importante gerenciar a configuração de softwares dos CLPs de forma adequada?

TENDÊNCIAS NA INDÚSTRIA: UMA INTRODUÇÃO AOS ROBÔS COLABORATIVOS

5

Em um passado recente, as aplicações com robótica industrial fizeram grandes progressos nas áreas dos sistemas de acionamento e detecção de objetos, abrindo caminho para uma nova era da interação entre homem e máquina. O diferencial dos robôs da Indústria 4.0 são as novas habilidades, como a capacidade de trabalhar sem supervisão ou intervenção humana, interagindo de forma inteligente também com outras máquinas. Esses robôs trabalham de forma rápida, precisa e segura realizando uma série de tarefas que tem um impacto relevante na redução de custos do processo produtivo de forma geral.

O uso da robótica tem como objetivo a preservação da mão de obra humana em trabalhos desgastantes — e que causam doenças — e ser útil em situações nas quais seja exigida a mais extrema precisão de movimento. A aplicação mais comum da robótica é como parte de um processo fabril, em que a repetitividade de movimentos é inadequada para o trabalho humano.

O mercado atual oferece uma grande variedade de modelos de robôs, desde robôs industriais padrão até aqueles especialmente desenvolvidos para o modo de colaboração, os robôs colaborativos, também designados "*Cobot*".

No que diz respeito à segurança funcional e ao desenvolvimento de normas relacionadas, como a IEC 61508:2010, IEC 62061:2015, ISO 13849-1:2015 e ISO 13849-2:2012, os robôs recentemente desenvolvidos dispõem de funções otimizadas que permitem a colaboração com o homem no mesmo espaço de trabalho.

Com base nas normas internacionais relacionadas à segurança de robôs industriais (ISO 10218-1/-2:2011) e especialmente de robôs para a operação de colaboração (ISO/TS 15066:2015), a seguir são explicadas algumas diretivas contidas nas normas que se aplicam ao desenvolvimento de aplicações robóticas colaborativas seguras.

É importante destacar que este capítulo tem como objetivo fornecer uma visão geral a respeito dos robôs colaborativos e que o leitor que desejar obter informações mais detalhadas sobre o tema deve buscar bibliografia especializada e principalmente proceder à leitura das normas mencionadas aqui.

5.1 Conceitos básicos

Visando a segurança dos trabalhadores, os robôs executam suas tarefas dentro de área protegida devido aos perigos resultantes da velocidade, da mobilidade e da sua força. No entanto, quando é pretendido que haja uma estreita interação entre homem e máquina, esse método padronizado e eficaz de separar fisicamente a fonte de perigo das pessoas deve ser substituído. Por esse motivo, devem ser utilizadas outras medidas para reduzir os riscos.

A interação dos trabalhadores com os robôs ativos e equipamentos idênticos a robôs caracteriza-se por dois parâmetros de interação: espaço e tempo. Se não houver nem um espaço nem um tempo comum, onde as pessoas e o robô ativo possam agir, os movimentos robóticos não representam nenhum perigo, e a situação é considerada "não interativa".

As situações nas quais as pessoas e os robôs fazem uso de um espaço comum, mas em momentos diferentes, são consideradas *cooperativas*. Para designar as situações em que pessoas e robôs trabalham em determinada altura no mesmo espaço, foi estabelecido o termo *colaborativo*.

Nas aplicações robóticas industriais em que não são necessárias intervenções durante o processo de produção também é preciso que um operador acesse o espaço de trabalho do robô, como, por exemplo, para trabalhos de manutenção.

A coexistência é um tipo de aplicação na qual o espaço de trabalho e as portas de acesso devem ser vedadas. O bloqueio deve garantir que as funções robóticas perigosas sejam desligadas quando um operador entra na zona de perigo. Esse estado deve ser assegurado enquanto uma pessoa se encontrar nessa zona de perigo ou enquanto as portas de acesso estiverem abertas.

Na cooperação, as aplicações amplamente divulgadas para robôs industriais são processos de trabalho nos quais um operador carrega e descarrega a célula robotizada. Nesses cenários, os operadores e os robôs executam em tempos diferentes as operações necessárias no espaço de trabalho comum. Também aqui são necessárias medidas de proteção. Dependendo da constituição do sistema de carga e descarga, pode ser conveniente utilizar dispositivos de proteção optoeletrônicos, tais como cortinas de luz de segurança e *scanner* a laser de segurança.

No trabalho colaborativo se faz necessário que o homem e o robô ativo interajam ao mesmo tempo em um espaço de trabalho comum. Nesses cenários a força, a velocidade e as trajetórias do robô devem ser limitadas. Para reduzir o risco, podem ser utilizadas medidas protetoras inerentes ou podem ser aplicadas medidas adicionais. A força, a velocidade e as trajetórias do robô têm de ser limitadas, monitoradas e controladas em função do nível de perigo real. Esse nível depende também da distância entre o homem e a máquina. Essa tarefa requer sensores de confiança que sejam capazes de detectar pessoas ou sua velocidade e distância para a zona de perigo.

O trabalho cooperativo é mostrado na Figura 22 e o trabalho colaborativo é exibido na Figura 23.

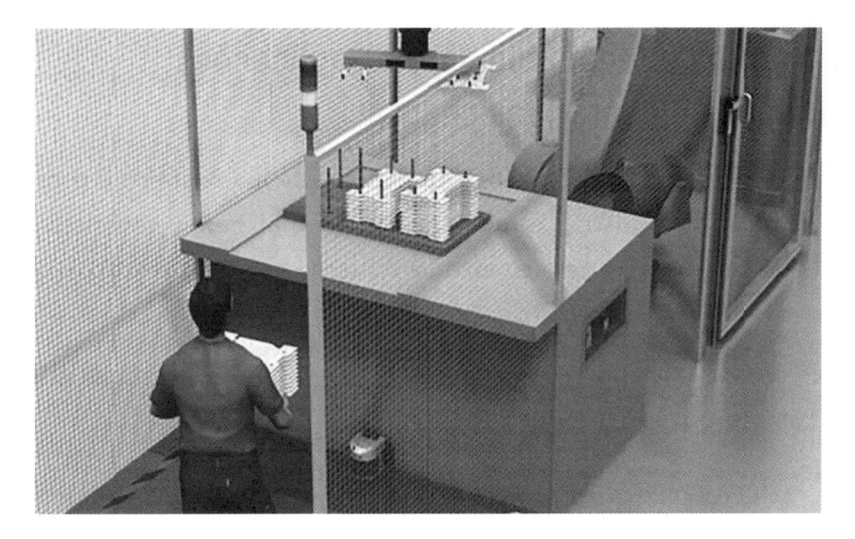

Figura 22. Trabalho cooperativo - FONTE: OS AUTORES

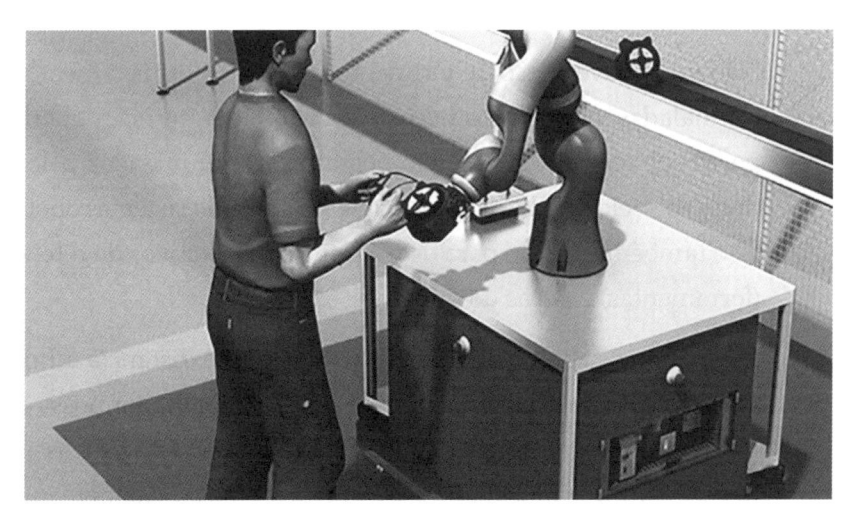

Figura 23. Trabalho colaborativo - FONTE: OS AUTORES

5.2 Normas e requisitos para as aplicações robóticas colaborativas seguras

De acordo com a Parte 2 da ISO 10218, um sistema robótico é composto por um robô industrial, seu operador terminal, bem como quaisquer peças de máquina, sistemas, eixos auxiliares externos e sensores que apoiam o robô na execução de suas tarefas.

No projeto das aplicações colaborativas, colocam-se algumas exigências básicas, que são listadas a seguir:

- O robô deve ser projetado de forma a permitir ao operador executar as suas tarefas sem quaisquer problemas e em segurança, ou seja, sem incorrer em perigo devido a equipamentos adicionais ou a outras máquinas na zona de trabalho.

- Não pode haver risco de ferimentos por corte, esmagamento ou punhaladas, nem outros riscos por conta de superfícies quentes, peças sob tensão etc. que não possam ser minimizados pela redução da velocidade, da força ou da potência do sistema robótico. Isso também é válido para os respetivos dispositivos de retenção (ferramentas) e peças de trabalho.

- O espaço de trabalho do robô deve prever uma distância mínima para as áreas acessíveis adjacentes, onde o trabalhador possa correr o risco de ser esmagado ou apertado. Se isso não for possível, devem ser utilizados dispositivos de proteção adicionais.

- Sempre que possível, deve ser prevista uma delimitação segura do eixo, de modo a limitar o número de movimentos livres do robô no espaço e para reduzir o risco de ferimento para os trabalhadores.

5.2.1 Modos de funcionamentos colaborativos segundo as normas ISO 10218-2 e ISO/TS 15066

A especificação técnica ISO/TS 15066 determina quatro modos de funcionamentos colaborativos que, dependendo da exigência da respectiva aplicação e do design do sistema robótico, podem ser usados individualmente ou combinados.

- Parada de segurança vigiada do robô: o robô é parado no espaço colaborativo durante a interação com o operador. Esse estado é monitorado e o acionamento pode continuar ligado.

- Guiamento manual do robô: a segurança do operador em relação ao robô é garantida pelo fato do robô poder ser conscientemente guiado pelas mãos do operador em uma velocidade reduzida e segura.

- Limitação da força e da potência do robô: o contato físico entre o sistema robótico, inclusive da peça de trabalho, garra, e o operador pode ocorrer intencionalmente ou inadvertidamente. A segurança necessária é conseguida pela limitação da potência e da força para valores considerados seguros para evitar ferimentos ou ameaças.

- Monitoramento da distância e da velocidade do robô: a velocidade e a trajetória dos percursos de movimentação do robô são monitoradas e adaptadas em função da velocidade e da posição do operador no espaço protegido.

A colaboração com potência e força limitadas requer robôs especialmente desenvolvidos para esse modo de funcionamento. A especificação ISO/TS 15066:2015 inclui valores máximos (limites de esforço biomecânicos) que não podem ser excedidos na colisão do robô com membros e outras partes do corpo humano.

A velocidade e a trajetória dos percursos de movimentação do robô são monitoradas e adaptadas em função da velocidade e da posição do operador no espaço protegido. No caso de aplicações colaborativas, devem ser escolhidos um método ou a combinação de vários métodos dos que foram aqui apresentados, dependendo da aplicação, de modo a garantir a segurança de todas as pessoas expostas aos potenciais perigos.

Os requisitos de funcionamento de sistemas robóticos colaborativos incluem a utilização de sistema de comando adequado relacionado à segurança, que cumpra os requisitos do PL_d de acordo com a norma ISO 13849-1:2015.

5.3 Apreciação de riscos para aplicações robóticas colaborativas

Todo projeto e instalação possui uma apreciação de risco que é validada para que o robô possa operar em segurança ao lado dos operadores. Quando os robôs são integrados em sistemas com operadores etc. deve ser realizada uma apreciação de risco de todo o sistema robótico, ou seja, aplicação e robô juntos. Um ponto de atenção é o projeto da ferramenta que será utilizada e acoplada ao robô, que não deve oferecer nenhum tipo de risco caso venha a tocar o operador.

Durante o desenvolvimento de uma apreciação de risco envolvendo uma aplicação com robô colaborativo deve ser utilizada uma norma de referência que contém referências a outras normas. No Brasil, usamos a norma NR 12 como ponto de partida.

Conforme o item 12.1.12 da norma NR 12, os sistemas robóticos que obedeçam às prescrições das normas ABNT ISO 10218-1, ABNT ISO 10218-2, da especificação ISO/TS 15066 e demais normas técnicas oficiais ou, na ausência ou omissão destas, nas normas internacionais aplicáveis, estão em conformidade com os requisitos de segurança previstos nessa NR.

As medidas de redução de risco devem gerar uma operação colaborativa segura, levando em consideração que o robô já dispõe de medidas construtivas para reduzir o risco. De um modo geral, a apreciação de riscos de um robô colaborativo não é diferente daquela realizada para outras máquinas ou equipamentos. A diferença fundamental é a proximidade das pessoas com o equipamento.

O processo de identificação de perigos de um sistema robótico considera os seguintes pontos:

- As características do robô (como: carga, velocidade, força, momento, torque, potência, geometria, formato das superfícies etc.).
- Condições de contato com o robô.
- Distância e localização do operador em relação ao robô (como, por exemplo, operador trabalhando abaixo do robô, a 1 metro de distância etc.).

Os perigos relacionados ao sistema robótico como um todo incluem:

- Os perigos causados pela ferramenta do sistema robótico, garra ou pela peça a ser trabalhada ou transportada (como: projeto ergonômico, cantos vivos, queda da peça a ser trabalhada ou transportada etc.).
- Os movimentos e a localização do operador com relação ao posicionamento de partes, à orientação de estruturas (por exemplo: dispositivos, suportes etc.) e à localização das zonas de perigo dos dispositivos.

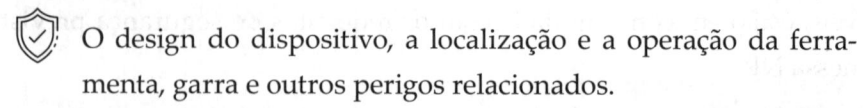

- O design do dispositivo, a localização e a operação da ferramenta, garra e outros perigos relacionados.
- O fato de o contato do robô com o operador ser semiestático (onde pode ocorrer o esmagamento entre partes móveis do robô e partes fixas) ou transiente (onde não ocorre o esmagamento e o operador pode recuar ou se retrair) e quais partes do corpo do operador podem ser afetadas.
- Projeto e localização de eventuais dispositivos de condução manual (como: acessibilidade, ergonomia, mau uso previsível, possíveis situações de confusão etc.).
- Influência e efeitos do local onde o sistema robótico está instalado (por exemplo: perigos causados por máquinas próximas).

Os perigos relacionados à aplicação incluem:

- Perigos específicos do processo (por exemplo: temperatura, partes ejetadas, fagulhas de solda etc.).
- Limitações causadas pelo uso obrigatório de EPI.
- Projeto ergonômico ineficaz que possa causar perda de atenção e/ou operação inadequada.

Também é de extrema importância a identificação e a documentação das tarefas colaborativas associadas ao robô, que se caracterizam por:

- Frequência e duração da presença do operador no espaço de trabalho colaborativo.
- Frequência e duração do contato entre o operador e o sistema robótico.

- Transição entre uma operação não colaborativa e a operação colaborativa.
- Rearme manual ou automático dos movimentos do sistema robótico após a conclusão da operação colaborativa.
- Tarefas que envolvem mais de um operador.
- Quaisquer tarefas adicionais dentro do espaço de trabalho colaborativo.

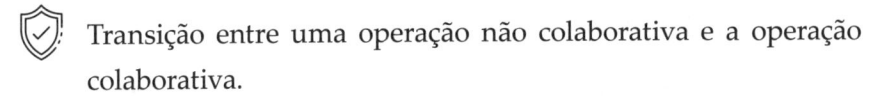

5.4 Medidas de redução de risco

De acordo com a norma NBR ISO 12100, após a identificação dos perigos, deve-se estimar e avaliar os riscos associados. Para isso, devem ser avaliadas as seguintes características:

- Medidas de segurança inerentes ao projeto do sistema robótico.
- Proteções de segurança ou medidas de proteção complementares.
- Informações para uso.

Para sistemas robóticos tradicionais, as medidas de proteção geralmente adotadas buscam reduzir os riscos por meio de dispositivos tais como cortinas de luz e *scanners* de segurança a laser, embora seja possível utilizar outras tecnologias, como, por exemplo, para limitação de força ou de extensão de movimentos.

5.4.1 Requisitos essenciais para as medidas de proteção

Os requisitos essenciais para a aplicação das medidas de redução de risco podem ser encontrados nas normas ISO 10218-1, ISO 10218-2 e ISO/TS 15066 e são explicados a seguir.

A ISO/TS 15066 define quatro modos de operação colaborativa:

- Parada monitorada de segurança (*Safety-rated Monitored Stop* — SMS): nesse modo, um sinal de parada é enviado ao robô antes que uma pessoa invada o espaço de trabalho colaborativo para interagir com ele, pois não pode haver contato entre a pessoa e o robô em movimento.

- Condução manual (*Hand Guiding* — HG): nesse modo, o operador conduz o robô manualmente para transmitir-lhe comandos de movimento. O robô deve primeiramente passar por uma parada monitorada de segurança (SMS) antes que o operador adentre o espaço de trabalho colaborativo. O dispositivo de condução do robô deve incorporar um botão de parada de emergência e, dependendo do caso, um dispositivo de habilitação.

- Monitoramento de velocidade e distância (*Speed and Separation Monitoring* — SSM): nesse modo, o robô e o operador podem se mover de forma concorrente em um espaço de trabalho colaborativo. A redução de risco se dá por meio de dispositivos que monitoram uma distância de segurança mínima para separar o robô e o operador a todo o momento, de modo que o robô jamais se aproxime do operador a uma distância menor do que a mínima. Se o operador se aproximar do robô a uma distância menor do que a mínima, o robô para e somente conclui sua tarefa depois que o operador estiver a uma distância segura. Nesse modo, quanto menor a velocidade do robô, menor será a distância de segurança.

- Limitação de potência e força (*Power and Force Limiting* — PFL): nesse modo, o contato físico entre o robô (incluindo a peça trabalhada) e o operador pode ocorrer, seja de maneira intencional ou não intencional. Esse modo de operação requer dispositivos robóticos específicos, que garantam a redução do risco, seja por medidas de segurança inerentes ao projeto, ou por meio de um sistema de comando com nível de integridade de segurança que garanta que os limites de potência e força não ultrapassem os limites estabelecidos no Anexo A da ISO/TS 15066 para contato semiestático e transiente.

O modo de operação de limitação de potência e força (PFL) permite maior colaboração em um mesmo espaço de trabalho de forma simultânea. Nesse modo de operação, deve-se levar em conta o efeito da força e da pressão, que depende, entre outros, de:

- **Medidas de proteção ativa no sistema robótico, por exemplo:** dispositivos táteis de proteção, sensores de torque, sensores de força, limites de velocidade e de alcance.

- **Medidas de proteção passiva, como:** garras resilientes, estofamento, formato do robô, da ferramenta e da peça trabalhada e todos os outros dispositivos utilizados no processo de trabalho.

- **Requisitos do robô:** os robôs destinados à aplicação em modo de operação de limitação de potência e força devem ser projetados, selecionados ou adaptados com atenção especial às funções de segurança requeridas pela aplicação. A NR 12 exige que todas as máquinas ou equipamentos sejam equipados com um ou mais dispositivos de parada de emergência facilmente visíveis, acessíveis e suficientes para a aplicação.

FUNÇÕES DE SEGURANÇA DOS ROBÔS COLABORATIVOS

Além da parada de emergência, robôs colaborativos em modo de operação de limitação de potência e força devem dispor das seguintes funções de segurança:

- **Monitoramento/Limitação de torque ou força:** deve-se levar em conta a geometria das superfícies do robô utilizado no processo de trabalho. O monitoramento da pressão nas superfícies de contato implica no monitoramento da força ou torque.

- **Monitoramento de velocidade:** é necessário para garantir que a parada do robô ocorra dentro do tempo de reação previsto.

- **Monitoramento de posição:** é necessário para que seja possível definir as zonas de trabalho conforme os limites designados a cada parte corpórea, de modo a, por exemplo, impedir o movimento na região do pescoço e cabeça. Dependendo da apreciação de riscos, também pode ser necessário o monitoramento dos eixos individuais, além de monitorar a ferramenta.

- **Seleção de modo operacional e dispositivo de liberação:** de acordo com a ISO 10218-1, robôs industriais tradicionais obrigatoriamente requerem a utilização de uma chave seletora de modo operacional bloqueável e de um dispositivo de liberação de três posições. De acordo com a ISO/TS 15066, se a apreciação de riscos indicar que o robô colaborativo funciona dentro de limites seguros, fica dispensado o uso do botão de liberação de três posições.

FUNÇÕES DE SEGURANÇA DE UM SISTEMA ROBÓTICO

As funções de segurança de um sistema robótico devem atender ao nível de desempenho PL_d, categoria 3, conforme a norma ISO 13849-1. Isso significa que as funções de segurança devem ser projetadas de modo que sua probabilidade de falha perigosa esteja entre 1 em um milhão e 1 em 10 milhões para cada hora de trabalho ($10^{-7} \leq PFH_D < 10^{-6}$).

Todas as partes do robô devem ter cantos arredondados. A utilização de estofamento aumenta as superfícies de contato e, portanto, possui um efeito positivo sob o ponto de vista da segurança. Além do robô, o sistema robótico também inclui as ferramentas do robô, a(s) peça(s) a ser(em) trabalhada(s), equipamentos, tais como transportadores, e dispositivos de proteção associados.

Também convém que as cargas sejam as menores possíveis, de modo a minimizar as forças de contato devido à inércia. Peças de trabalho grandes, pontiagudas, afiadas e/ou pesadas não são adequadas. Levando-se em conta o estado da técnica, a inércia de tais peças geralmente excede os limites de força e/ou pressão estabelecidos na ISO/TS 15066.

Além disso, para o robô trabalhar em modo operacional de limitação de potência e força, é fundamental restringir as rotas dos movimentos do robô por meio de uma função segurança de limitação do alcance do robô, de modo a evitar que o robô atinja partes mais sensíveis e frágeis do corpo humano, tais como a cabeça e o pescoço. Se, ainda assim, houver risco de colisão com essas partes mais sensíveis do corpo, pode-se limitar o movimento do robô por meio de proteções mecânicas transparentes. Nesse caso, é fundamental prover informações adicionais na forma de sinalização de advertência e instruções para uso.

ROTAS DOS MOVIMENTOS DO ROBÔ

Para determinar as rotas dos movimentos do robô, deve-se levar em conta as situações perigosas típicas resultantes das seguintes tarefas:

- Intervenção manual na zona da ferramenta.
- Observação aproximada do processo.
- Localização e resolução de problemas.
- Determinação de dados biomecânicos de força e pressão.
- Caso um sistema robótico não seja fornecido com dados biomecânicos de força e pressão, por exemplo, por meio de ferramentas de simulação, as forças e pressões das situações de contato selecionadas devem ser medidas e estar dentro dos limites estabelecidos na Tabela A.2 da ISO/TS 15066).

As situações de contato se resumem a dois tipos: transiente e semiestático, cada um com seus limites de força e pressão.

- Para sistemas robóticos acolchoados ou com peças grandes, é importante observar, sobretudo, se os valores de força medidos se encontram dentro dos limites estabelecidos, pois em grandes áreas de contato a pressão medida pode ser pequena ou desprezível mesmo com valores mais elevados de força.
- Os limites de pressão estabelecidos na Tabela A.2 da ISO/TS 15066 levam em conta a influência da geometria das peças envolvidas no processo de trabalho. Logo, quanto menor a superfície de contato, por exemplo, com partes do dispositivo robótico com muitos cantos e arestas, maior a pressão.

De qualquer forma, deve-se sempre considerar tanto os valores de pressão como os de força.

VALIDAÇÃO DE SISTEMAS ROBÓTICOS COLABORATIVOS

A validação de sistemas robóticos colaborativos deve seguir os requisitos estabelecidos na Seção 6 da ISO 10218-2 e a ISO 13849-2. O fabricante ou integrador do sistema robótico deve garantir que o projeto e a construção do sistema robótico, incluindo seus sistemas de segurança, estejam em conformidade com os princípios descritos nas Seções 4 e 5 da ISO 10218-2 e a ISO 13849-2.

A apreciação de riscos deve ser revisada, de modo a verificar se todos os perigos razoavelmente previsíveis foram identificados e se as respectivas medidas de redução dos riscos associados foram corretamente empregadas.

Além dos resultados do ensaio de medição de força e pressão anteriormente mencionados, a validação deve incluir, entre outros:

a) Inspeção visual.

b) Ensaios práticos.

c) Observação durante a operação.

d) Revisão de diagramas (elétricos, pneumáticos etc.).

e) Revisão da documentação de software.

f) Apreciação de riscos pós-medidas.

g) Revisão das especificações e da informação para uso.

Exercícios Propostos

1) Cite exemplos de situações em que o uso da robótica é recomendado.

2) Diferencie trabalho cooperativo e trabalho colaborativo com robôs.

3) Que tipos de medidas de segurança devem ser adotadas para permitir que o trabalho colaborativo com robôs ocorra de forma segura.

4) No projeto das aplicações colaborativas, o que deve ser levado em consideração a respeito do espaço de trabalho do robô?

5) Quais são os modos de funcionamentos colaborativos que a norma ISO/TS 15066 determina?

CONCLUSÃO

Durante as atividades com máquinas, os trabalhadores podem estar expostos a diversos riscos como esmagamentos e decepamentos, entre outros. Para os trabalhadores, as consequências de um acidente podem ser diversas, levando à morte, fraturas, perda de membros, invalidez permanente, redução de renda, perda da qualidade de vida e transtornos mentais.

Um empregador que utiliza máquinas e equipamentos não adequados às normas vigentes está sujeito a notificação, autuação ou até interdição da máquina ou equipamento em uma eventual fiscalização por parte dos órgãos responsáveis, além de colocar em risco a integridade física dos trabalhadores. Por outro lado, as adequações da indústria às especificações técnicas impostas pelas normas demandam o cumprimento de um conjunto de etapas que envolvem tarefas complexas.

Nesse contexto, o objetivo desta obra é fornecer ao leitor uma visão geral de cada uma das normas relacionadas à segurança de máquinas e equipamentos, apresentando dicas e tópicos que merecem atenção especial dos técnicos e engenheiros envolvidos nos projetos. O intuito dos autores é facilitar a compreensão e a aplicação das normas, que muitas vezes possuem textos cuja compreensão é relativamente difícil.

Dedicamos atenção especial ao desenvolvimento de software de aplicação, visto que para se obter um comportamento previsível e seguro da máquina é necessário que o software de aplicação seja bem planejado, sejam aplicados testes para verificação das suas funcionalidades e gerenciadas as alterações no software, além de manter a documentação sempre atualizada. Contudo, todas as boas práticas listadas aqui são aplicáveis ao projeto de hardware, e são inclusive recomendadas pelas normas respeitando-se as peculiaridades.

Aos robôs colaborativos, que são utilizados em diversos segmentos da indústria e representam uma tendência para a Indústria 4.0, foi dedicado um capítulo no qual fornecemos uma visão geral sobre o tema e recomendamos que o leitor busque contínua atualização sobre o assunto.

Por fim, ressaltamos que é fundamental observar as modificações que ocorrem periodicamente nas normas apresentadas aqui. Os websites da ABNT, ISO e IEC sempre contêm as informações atualizadas sobre o assunto.

Referências Bibliográficas

ABNT. **Publicada a ISO 45001.** Acesso em julho de 2019.

ABNT. **ABNT ISO/TR 14121-2:2018** — Segurança de máquinas — Apreciação de riscos — Parte 2: Guia prático e exemplos de métodos. 2018.

ABNT. **ABNT NBR ISO 10218-2:2018.** Robôs e dispositivos robóticos — Requisitos de segurança para robôs industriais — Parte 2: Sistemas robotizados e integração. 2018.

ABNT. **ABNT NBR ISO 12100:2013** — Segurança de máquinas — Princípios gerais de projeto — Apreciação e redução de riscos. 2013.

ABNT. **ABNT NBR 14153:2013** — Segurança de máquinas — Partes de sistemas de comando relacionados à segurança — Princípios gerais para projeto. 2013.

ALLI, Benjamin O. **Fundamental principles of occupational health and safety (2 ed.).** Genebra: International Labour Office, 2008.

BRASIL. **Norma Regulamentadora Nº 12 — Segurança do trabalho em máquinas e equipamentos.** Disponível em: <http://www.trabalho.gov.br/images/Documentos/SST/NR/NR12/NR-12.pdf>. Acesso em: fevereiro de 2020.

BRASIL. **Portaria Nº 916, de 30 de julho de 2019.** Disponível em: http://www.trabalho.gov.br/images/NRs/portaria-n-916-nr-12-anexos.pdf: Acesso em: janeiro de 2020.

BRASIL. **Métodos de avaliação de risco e Ferramentas de estimativa de risco utilizados na Europa considerando Normativas Europeias e o caso brasileiro.** 2015. Disponível em: <http://sectordialogues.org/sites/default/files/acoes/documentos/risco_mte.pdf>. Acesso em: fevereiro de 2019.

British Standards Institution. **OHSAS 18001:2007 — Occupational health and safety management systems — Requirements.** Reino Unido. 2007.

BSI. **ISO/DIS 45001 — Compreendendo a nova norma internacional para a saúde e segurança no trabalho.** Disponível em: <https://www.bsigroup.com/LocalFiles/pt-BR/Whitepapers/Guia%20DIS%20ISO%2045001.pdf>. Acesso em: julho de 2019.

CARDELLA, Benedito. **Segurança no trabalho e prevenção de acidentes.** 2 ed. São Paulo: Atlas, 2016.

Referências Bibliográficas

DARABONT, D., ANTONOV, A., BEJINARIU, C. **Key elements on implementing an occupational health and safety management system using ISO 45001 standard.** VIII International Conference on Manufacturing Science and Education. 2017.

FUNDACENTRO. **Estratégia Nacional para Redução dos Acidentes do Trabalho 2015 – 2016.** Brasília, 2015. Acesso em: abril de 2019.

International Electrotechnical Commission. **Functional safety: Essential to overall safety.** 2015. Disponível em: <http://www.iec.ch/about/brochures/pdf/technology/functional safety.pdf>. Acesso em: outubro de 2019.

International Electrotechnical Commission. **IEC 61508 — Functional safety of eletrical/eletronic/programmable eletronic safety-related systems.** 2010.

International Electrotechnical Commission. **IEC 61511:2018 — Functional safety — Safety instrumented systems for the process industry sector — ALL PARTS.** 2018.

International Electrotechnical Commission. **IEC 61131-3:2013 —Programmable controllers — Part 3: Programming languages.** 2013.

International Electrotechnical Commission. **IEC 62061:2005+A1:2012+A2:2015 — Safety of machinery — Functional safety of safety-related electrical, electronic and programmable electronic control systems.** 2015.

International Organization for Standardization. **ISO 13849-1:2015 —Safety of machinery — Safety-related parts of control systems — Part 1: General principles for design.** 2015.

ISO. **ISO 45001 — All you need to know.** 2018. Disponível em: <https://www.iso.org/news/ref2271.html>. Acesso em: julho de 2019.

ISO. **ISO/TS 15066:2016 — Robots and robotic devices — Collaborative robots.** 2016.

MAIA, André L. et.al. **Acidentes de trabalho no Brasil em 2013: comparação entre dados selecionados da Pesquisa Nacional de Saúde do IBGE (PNS) e do Anuário Estatístico da Previdência Social (AEPS) do Ministério da Previdência Social.** 2015. Disponível em: <http://www.fundacentro.gov.br/arquivos/projetos/estatistica/boletins/boletimfundacentro1vfinal.pdf>. Acesso em: maio de 2019.

Ministério da Fazenda. Secretaria da Previdência. Instituto Nacional do Seguro Social. **Anuário estatístico da previdência social** (AEPS) 2017. Disponível em:<http://sa.previdencia.gov.br/site/2019/03/AEPS-2017-13-03-19.-1.pdf>. Acesso em: março de 2019.

PRESSMAN, Roger S. **Engenharia de Software.** 8. ed. McGraw-Hill, 2016.

REASON, James. **Human error: models and management.** BMJ, 320, p. 768-770, 2000.

SANTOS JUNIOR, Joubert R., ZANGIROLAMI, Márcio J. **NR-12 — Segurança em máquinas e equipamentos — Conceitos e aplicações.** Ed. Érica. 2015.

Serviço Social da Indústria, Departamento Nacional. Confederação Nacional da Indústria. **NR 12 Comentários ao novo texto geral (Portaria nº 916, de 30/07/19).** Brasília: 2019. Acesso em: julho de 2020.

SILVA, Ana Maria L. et al. **Análise de políticas públicas para redução de acidentes de trabalho relacionados ao uso de máquinas e equipamentos.** XXXVIII Encontro nacional de engenharia da produção. Joinville, 2017. Disponível em: <http://www.abepro.org.br/biblioteca/TN_STO_241_399_33379.pdf>. Acesso em: junho de 2019.

SIMPSON, Kenneth G., SMITH, David J. **The Safety Critical Systems Handbook — A Straightforward Guide to Functional Safety: IEC 61508 (2010 Edition), IEC 61511 (2015 Edition) and Related Guidance.** 4. ed. Elsevier, 2016.

SOMMERVILLE, Ian. Engenharia de Software. 9. ed. Pearson, 2011.

APÊNDICE A: RESPOSTAS DOS EXERCÍCIOS

Capítulo 1

Consulte o link e conheça alguns números relacionados aos acidentes de trabalho no Brasil no Anuário Estatístico de Acidentes do Trabalho — AEAT disponível em: https://www.gov.br/previdencia/pt-br/acesso-a-informacao/dados-abertos/saude-e-seguranca-do-trabalhador/dados-abertos-sst

RESPOSTA:

O objetivo é que o leitor pesquise e se familiarize com alguns números e, como as possibilidades são inúmeras, não será fornecido um exemplo de resposta.

1. Descreva o papel da OIT.

RESPOSTA:

A OIT é uma agência das Nações Unidas que tem estrutura tripartite, na qual representantes de governos, de organizações de empregadores e de trabalhadores de 187 Estados-membros participam em situação de igualdade das diversas instâncias da Organização. Desde a sua criação, os membros tripartites da OIT adotaram 188 Convenções Internacionais de Trabalho e 200 recomendações sobre diversos temas, tais como emprego, proteção social, recursos humanos, saúde e segurança no trabalho etc.).
Fonte: https://www.ilo.org/brasilia/conheca-a-oit/lang--pt/index.htm

Apêndice A: Respostas dos Exercícios

2. Pesquise sobre outras duas normas de segurança funcional e suas aplicações.

RESPOSTA (COMO SE TRATA DE PESQUISA PODE VARIAR):

- ISO 26262 — Veículos rodoviários — Segurança funcional (do inglês *Road vehicles — Functional safety*).

- IEC 61513 — Plantas de energia nuclear — Instrumentação e controle importantes para segurança funcional — Requisitos gerais para sistemas (do inglês *Nuclear power plants —Instrumentation and control important to safety — General requirements for systems*)

Fonte: https://webstore.iec.ch/?ref=menu

3. Diferencie perigo e risco.

RESPOSTA:

Perigo é a propriedade daquilo que pode causar danos, e identificar perigos é identificar substâncias, situações, eventos, comportamentos que podem ser perigosos etc. Já o risco é associado ao evento perigoso e resulta da frequência e da consequência do evento.

4. Além das questões legais, qual é a importância de construir sistemas para segurança de máquinas com componentes certificados de acordo com as normas de segurança funcional (como, por exemplo, o CLP que comanda a parada de uma máquina)?

RESPOSTA:

As certificações garantem que o hardware e o software essenciais para o funcionamento do CLP (o sistema operacional ou ambiente de execução) foram desenvolvidos de acordo com as boas práticas de projeto e testados exaustivamente por diversos profissionais. Isso resulta na concepção de equipamentos que, apesar de não serem totalmente isentos de falhas, são significativamente mais confiáveis do que os equipamentos não certificados.

Capítulo 2

1. Explique os tipos de normas A, B e C.

RESPOSTA:

- **Tipo A:** tratam de conceitos básicos, princípios de estruturação e aspectos gerais que podem ser aplicados às máquinas.
- **Tipo B:** são referentes aos aspectos de segurança (B1) ou dispositivos de proteção (B2) que podem ser utilizados para diversas máquinas.
- **Tipo C:** apresentam exigências de segurança específicas para um grupo de máquinas.

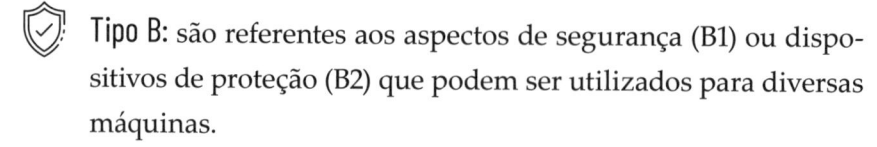

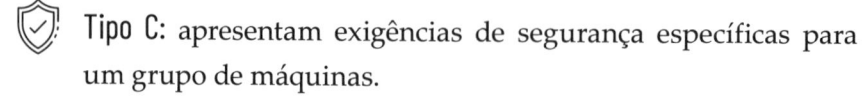

2. De acordo com a norma IEC 61508, o que é uma função de segurança?

RESPOSTA:

Uma função de segurança consiste em um conjunto de ações que são realizadas com o objetivo de trazer um processo industrial, uma máquina ou equipamento para um estado seguro. Ou seja, uma função de segurança protege contra um perigo específico.

3. O que é o SIL da norma IEC 61508? E o PL da norma ABNT NBR ISO 13849-1?

RESPOSTA:

- SIL: é o parâmetro de projeto chave que especifica a medida de redução de risco que um equipamento de segurança requer para alcançar uma função particular. O SIL é um nível discreto (de um a quatro) para a especificação dos requisitos de integridade das funções instrumentadas de segurança. O nível SIL 4 é o nível mais alto e SIL 1 é o mais baixo.

- PL: quanto maior o risco, maiores são as exigências para os sistemas de comando. A situação de perigo é dividida em cinco níveis de desempenho (PL — do inglês *Performance Level*), de PL "a" (baixo) até PL "e" (alto).

4. Existe relação entre o PL (*Performance Level*) da norma ISO 13849-1 e o SIL (*Safety Integrity Level*) das normas IEC 61508 e IEC 62061?

RESPOSTA:

Sim.

Nível de Performance (PL) ISO 13849-1	Probabilidade de falha perigosa por hora	SIL (IEC 61508 e IEC 62061)
A	$\geq 10^{-5} ... < 10^{-4}$	-
B	$\geq 3 \times 10^{-6} ... < 10^{-5}$	1
C	$\geq 10^{-6} ... 3 \times 10^{-6}$	1
D	$\geq 10^{-7} ... 10^{-6}$	2
E	$\geq 10^{-8} ... < 10^{-7}$	3

5. Como devem ser avaliados os riscos de acordo com a norma ABNT NBR ISO 13849-1?

RESPOSTA:

A metodologia para avaliação de riscos definida pela norma tem como objetivo determinar o PL requerido (PLr) e utiliza um gráfico de risco no qual são levados em consideração os seguintes parâmetros:

- Severidade do ferimento (S).
- Frequência ou tempo de perigo (F).
- Possibilidade de evitar o perigo (P).

6. Cite exemplos de aspectos que devem ser levados em consideração na identificação e especificação das funções de segurança conforme a norma ABNT NBR ISO 13849-1.

RESPOSTA:

- Os resultados da avaliação de riscos para cada perigo específico ou situação perigosa.
- As características de operação da máquina, incluindo o uso pretendido da máquina e o mau uso previsível.
- Os modos de operação.
- O tempo de ciclo e o tempo de resposta.
- A operação de emergência.
- A descrição da interação de diferentes processos de trabalho e atividades manuais, tais como reparo, configuração, limpeza, solução de problemas etc.

7. Cite um exemplo de função de segurança conforme a norma ABNT NBR ISO 13849-1.

RESPOSTA:

Função de parada relacionada à segurança: uma função de parada relacionada à segurança deve colocar a máquina em um estado seguro, sendo que essa parada deve ter prioridade sobre uma parada por razões operacionais. Quando um grupo de máquinas estiver trabalhando em conjunto de maneira coordenada, devem ser tomadas providências para sinalizar a supervisão e/ou as outras máquinas de que existe uma condição de parada.

8. Quais são as categorias definidas pela norma ABNT NBR ISO 13849-1? O que são componentes *well-tried*?

RESPOSTA:

Categorias B, 1, 2, 3 e 4. As categorias são relacionadas à classificação das partes de um sistema de comando que estão relacionadas à segurança no que diz respeito à sua resistência a defeitos e seu subsequente comportamento na condição de defeito.

Componente *well-tried* é aquele que foi amplamente utilizado com resultados bem-sucedidos em aplicações semelhantes ou que foi projetado e verificado usando princípios que demonstram sua adequação e confiabilidade para aplicações relacionadas à segurança. O uso desse tipo de componente é necessário a partir da categoria 1.

9. Conforme a norma ABNT NBR ISO 13849-1, no que consiste o software de aplicativo relacionado à segurança?

RESPOSTA:

O software de aplicativo relacionado à segurança (SRASW) é implementado pelo fabricante da máquina e geralmente contém sequências lógicas, limites e expressões que controlam as entradas, saídas, cálculos e decisões necessários para atender aos requisitos das partes relacionadas à segurança de sistemas de controle. O SRASW escrito em LVL (Linguagem de Variabilidade Limitada), tais como Ladder e FBD (Diagrama de Blocos de Funções).

Apêndice A: Respostas dos Exercícios

10. Verifique a nova norma NR 12 e mencione duas mudanças em relação à versão anterior.

RESPOSTA (EXISTEM VÁRIAS POSSIBILIDADES):

1) O inventário foi substituído por uma relação simplificada de máquinas e equipamentos.

2) O item 12.2.9 trata dos conflitos entre as NRs no que diz respeito à sinalização e outros. Esse item determina que nos casos em que houver regulamentação específica ou NR setorial estabelecendo requisitos para sinalização, arranjos físicos, circulação, ou armazenamento, prevalecerá a regulamentação específica ou a NR setorial.

11. Quais são as etapas da apreciação e redução de riscos em máquinas e equipamentos conforme a NR 12?

RESPOSTA:

A apreciação de riscos deve ser composta pelas seguintes etapas:

a) Determinação dos limites da máquina, considerando seu uso devido, bem como quaisquer formas de mau uso razoavelmente previsíveis.

b) Identificação dos perigos e situações perigosas associadas.

c) Estimativa do risco para cada perigo ou situação perigosa.

d) Avaliação do risco e tomada de decisão quanto à necessidade de redução de riscos.

e) Eliminação do perigo ou redução de risco associado ao perigo por meio de medidas de proteção.

12. Cite exemplos de perigos de acordo com a norma ABNT NBR ISO 12100.

RESPOSTA:

- A aproximação de um elemento móvel a uma parte fixa, que pode gerar esmagamentos.
- O corte de peças, que pode resultar em mutilações.
- Os arcos elétricos, que podem ocasionar queimaduras.
- Equipamentos que vibram, que podem causar desconforto e traumas na coluna.

13. O que são partes de sistema de comando relacionada à segurança e categorias de acordo com a norma ABNT 14153?

RESPOSTA:

- **Parte de sistema de comando relacionada à segurança:** parte ou subparte de sistema de comando que responde a sinais de entrada do equipamento sob comando e gera sinais de saída relacionados à segurança. As partes combinadas de um sistema de comando que estão relacionadas à segurança começam no ponto em que os sinais relacionados à segurança são gerados e terminam na saída dos elementos de controle de potência. Isso também inclui sistemas de monitoração.

- **Categoria:** é a classificação das partes de um sistema de comando relacionada à segurança no que diz respeito à sua resistência a defeitos e seu subsequente comportamento na condição de defeito. A categoria é alcançada pelos arranjos estruturais das partes e/ou por sua confiabilidade.

14. De acordo com a norma IEC 61131-4, quais características de um CLP de segurança devem ser consideradas para que um sistema de segurança atenda aos requisitos da norma IEC 61508 e a outros requisitos aplicáveis?

RESPOSTA:

- Confiabilidade do hardware.
- Cobertura de teste de diagnóstico e intervalo de teste.
- Requisitos de teste/manutenção periódicos.
- Tolerância a falhas de hardware.
- Capacidade SIL.

Essas informações devem ser obtidas com o fabricante do CLP.

Capítulo 4

1. O que é o Plano de Segurança funcional e por que sua elaboração é importante?

RESPOSTA:

Esse documento contém informações tais como as etapas do projeto, as atividades, os nomes dos documentos que serão gerados durante o projeto, incluindo manuais, bem como os responsáveis pela execução de cada fase do projeto, entre outras.

Ele é importante porque funciona como um guia das boas práticas que devem ser seguidas durante o projeto e, se for produzido de forma simples e clara, esse documento tende a facilitar muito o dia a dia dos profissionais envolvidos.

2. Por que é importante rastrear requisitos?

RESPOSTA:

Se um requisito é modificado é necessário avaliar o impacto dessa mudança nos demais requisitos. Por isso é imprescindível rastrear todos os requisitos de projeto, os quais devem estar associados com testes. Também não poderão existir funcionalidades que não foram especificadas anteriormente no projeto.

3. Mencione dois exemplos de boas práticas que devem ser seguidas durante a etapa de codificação.

RESPOSTA:

- Os programas devem ser particionados visando a identificação de partes principais correspondentes a entradas, processamentos e saídas.
- Deve-se comentar de forma suficiente o código e empregar uma nomenclatura adequada para as variáveis. Caso a empresa não tenha padrão próprio para a codificação, o desenvolvedor pode criar um padrão antes de iniciar a implementação.

4. Qual é a diferença entre verificação e validação de projetos?

RESPOSTA:

A verificação deve ser feita em todas as etapas do projeto e busca garantir a correta implementação dos módulos de software e hardware. Já a validação tem como objetivo atestar que o produto funciona corretamente, ou seja, que ele realmente faz o que foi definido no escopo do projeto. Por esse motivo, a validação deve ser feita com o produto pronto ou quase pronto.

5. Por que é importante gerenciar a configuração de softwares dos CLPs de forma adequada?

RESPOSTA:

O gerenciamento das alterações no software tem como objetivo garantir que os requisitos de segurança funcional dele continuam a ser atendidos mesmo quando são necessárias alterações. O armazenamento da documentação relacionada às modificações realizadas no software é importante para manter a rastreabilidade do mesmo e constitui um meio de orientar funcionários que sejam integrados à equipe posteriormente visando evitar equívocos.

Capítulo 5

1. Cite exemplos de situações nas quais o uso da robótica é recomendado.

RESPOSTA:

O uso da robótica pode preservar a mão de obra humana em trabalhos desgastantes e que causam doenças, além de atender em situações onde a mais extrema precisão de movimento seja exigida. A aplicação mais comum da robótica é como parte de um processo fabril, em que a repetitividade de movimentos é inadequada para o trabalho humano.

2. Diferencie trabalho cooperativo e trabalho colaborativo com robôs.

RESPOSTA:

As situações nas quais as pessoas e os robôs fazem uso de um espaço comum, mas em momentos diferentes, são consideradas *cooperativas*. Para designar as situações em que pessoas e robôs trabalham em determinada altura no mesmo espaço foi estabelecido o termo *colaborativo*.

3. Que tipos de medidas de segurança devem ser adotadas para permitir que o trabalho colaborativo com robôs ocorra de forma segura.

RESPOSTA:

Nesses cenários a força, a velocidade e as trajetórias do robô devem ser limitadas. Para reduzir o risco, podem ser utilizadas medidas protetoras inerentes ou podem ser aplicadas medidas adicionais. A força, a velocidade e as trajetórias do robô têm de ser limitadas, monitoradas e controladas em função do nível de perigo real. Esse nível depende também da distância entre o homem e a máquina. Essa tarefa requer sensores de confiança que sejam capazes de detectar pessoas ou sua velocidade e distância para a zona de perigo.

Apêndice A: Respostas dos Exercícios

4. No projeto das aplicações colaborativas, o que deve ser levado em consideração a respeito do espaço de trabalho do robô?

RESPOSTA:

O espaço de trabalho do robô deve prever uma distância mínima para as áreas acessíveis adjacentes, onde o trabalhador possa correr o risco de ser esmagado ou apertado. Se isso não for possível, devem ser utilizados dispositivos de proteção adicionais.

5. Quais são os modos de funcionamento colaborativo que a norma ISO/TS 15066 determina?

RESPOSTA:

Parada de segurança vigiada do robô, guiamento manual do robô, limitação da força e da potência do robô e monitoramento da distância e da velocidade do robô.

ÍNDICE

A

ABNT NBR
  14152, 13
  14153, 9, 23, 101
  14153:2013, ix, 79
  ISO 12100, 13, 23, 41, 93, 175
  ISO 12100:2013, ix, 84, 93
  ISO 12110, 96
  ISO 13849, 13, 75
  ISO 13849-1, 4, 8, 23, 34, 38, 40, 52, 59, 134, 152, 162
  ISO/TR 14121-2, 23
  NM 14153, 109
AMN, 12
Análise
  de Árvore de Falhas (FTA), 157
  preliminar de risco (APR), 9, 19, 124
Anuário Estatístico de Acidentes do Trabalho (AEAT), 10
Associação Brasileira de Normas Técnicas (ABNT), 12

C

Checklist, 124, 130
Classificação
  da frequência e duração da exposição (Fr), 69
  da gravidade (Se), 69
  da possibilidade de evitar ou eliminar um dano (Av), 70
  da probabilidade (Pr), 69
Cobertura de diagnóstico (DC), 43
Comando bimanual, 90
Componente well-tried, 46
Conceito de segurança, 49
  projeto do, 49
Condução manual (HG), 176
Controladores Lógicos Programáveis (CLPs), 4, 24, 30, 118
Controladores programáveis (PLC), 116
Controle de Processo Básicos (BPCS), 35
COPANT, 12
Cortina de luz, 90

E

Elétricos e/ou eletrônicos e/ou eletrônicos programáveis (E/E/PE), 26, 37
Especificação de Requisitos de Segurança (SRS), 143
Estrutura de Alto Nível (HLS), 15
Estudo de perigo e operabilidade (HAZOP), 9, 19
  palavras-guia do, 126
Estudo de Perigo e Operabilidade (HAZOP), 124

F

Falhas de causa comum (CCF), 42
Frequência ou tempo de perigo, 51, 81
  frequente a contínuo, 51
  Raro a relativamente frequente, 51
Função
  de comando local, 104
  de controle local, 53
  de início/reinício, 53
  de reset manual, 52
  de silenciamento (muting), 54
  parada, 103
  parada de emergência, 103
Funções
  de segurança de um sistema robótico, 179
  de segurança dos robôs colaborativos, 178
Fundacentro, 4

I

IEC
  60812, 43
  61131, 116
  61131-3, 58
  61508, 4, 23, 25, 29, 57, 89, 134
  61508-2, 29
  61508-3, 29
  61508-4, 6
  61508:2010, 166
  61511, 23, 25, 37
  62061, 8, 23, 63, 66, 134
  62061:2005+A1:2012+A2:2015, 61
  62061:2015, 166
INMETRO, 75
Instituto Nacional de Seguridade Social (INSS), 2
ISO, 12
  9001, 16, 21, 57
  10218, 170
  10218- 1, 75
  10218-1, 13
  10218-1/-2:2011, 166
  10218-2, 75
  13849-1, 64, 79, 89
  13849-1:2015, 166, 172
  13849-2:2012, 166
  14001, 16
  14121-1:2007, 84
  45001, 12
  45001:2018, 15
    Anexo SL, 15

/TS 15066, 75, 171
/TS 15066:2015, 166

L

Limitação de potência e força (PFL), 177
Limites da máquina, 98
 de espaço, 98
 de tempo, 98
Linguagem
 de Variabilidade Limitada (LVL), 58
 de variabilidade total (FVL), 56
 para programação da aplicação, 120

M

Metodologia de estimativa de risco HRN, 83
Métodos para validação de software, 155
Modelo V, 135
Modo de operação de limitação de potência e força (PFL), 177
Modos de falha
 e análise de efeitos (FMEA), 43, 158
 efeitos e análise de criticidade (FMECA), 158
Monitoramento de velocidade e distância (SSM), 176

N

Nível
 de desempenho (PL), 82, 142
 de desempenho requerido (PLr), 49
 de integridade de segurança (SIL), 28
 de performance (PL), 42
 específico de integridade de segurança (SIL), 30
Norma NR 12, ix, 4, 73, 134, 172
 item 12.1.1, 74
 item 12.18.1, 76
Normas Regulamentadoras (NRs), 13
 Normas especiais, 13
 Normas gerais, 13
 Normas setoriais, 13
Número de risco (HRN), 132

O

OHSAS
 18001, 15, 16
 18001:2007, 15
Organização Internacional do Trabalho (OIT), 2

P

Parada monitorada de segurança (SMS), 176
Parâmetros relacionados à segurança, 54
Partes relacionadas à segurança de sistemas de controle (SRP/CS), 40
Plano
 de Segurança Funcional (SP), 138
 de Validação, 156

Portaria
  MTb n.º 3.214, 74
  SIT Nº 787, 13
Proporção de falhas seguras de um elemento de hardware (SFF), 33
Proteções, 86
  fixas, 86
  móveis, 87

R

Rearme manual, 103
Regras de programação, 149
Relé de segurança, 89
Risco, 93
  análise de, 94
  apreciação do, 94
  avaliação de, 94
  estimativa de, 93
  matriz de, 111

S

Segurança e saúde ocupacional (SSO), 2, 17
  Desempenho de SSO, 17
  Oportunidade de SSO, 17
  Risco de SSO, 17
Sensores magnéticos, 88
Siglas das normas adotadas pelo Brasil, 12
  NBR, 12
  NBR ISO, 12

NBR NM, 12
NR, 12
SIL, 63, 118
Sistema
  instrumentado de segurança (SIS), 30
  MooN, 31
Sistemas
  de Desligamento de Emergência, 30
  instrumentados de segurança para a indústria de processos, 36
Software
  de aplicativo relacionado à segurança (SRASW), 57, 134
  embarcado relacionado à segurança (SRESW), 56, 134

T

Tapetes de segurança, 91
Tempo de resposta, 54, 103
Tempo médio para falhas perigosas de cada canal (MTTFd), 44, 82, 142
Tolerância a falhas de hardware (HFT), 33

V

Válvulas e bloco de segurança, 92
Verificação Cíclica de Redundância (CRC), 161

Projetos corporativos e edições personalizadas
dentro da sua estratégia de negócio. Já pensou nisso?

Coordenação de Eventos
Viviane Paiva
viviane@altabooks.com.br

Assistente Comercial
Fillipe Amorim
vendas.corporativas@altabooks.com.br

A Alta Books tem criado experiências incríveis no meio corporativo. Com a crescente implementação da educação corporativa nas empresas, o livro entra como uma importante fonte de conhecimento. Com atendimento personalizado, conseguimos identificar as principais necessidades, e criar uma seleção de livros que podem ser utilizados de diversas maneiras, como por exemplo, para fortalecer relacionamento com suas equipes/ seus clientes. Você já utilizou o livro para alguma ação estratégica na sua empresa?

Entre em contato com nosso time para entender melhor as possibilidades de personalização e incentivo ao desenvolvimento pessoal e profissional.

PUBLIQUE SEU LIVRO

Publique seu livro com a Alta Books.
Para mais informações envie um e-mail para: autoria@altabooks.com.br

/altabooks   /alta-books   /altabooks   /altabooks

CONHEÇA OUTROS LIVROS DA ALTA BOOKS

Todas as imagens são meramente ilustrativas.